U0012467

藍學堂

學習・奇趣・輕鬆讀

10x Is Easier Than 2x

How World-Class Entrepreneurs Achieve More by Doing Less

成長思維

成功者獲得時間、財富、人際圈、目標自由的高效成長法則

丹・蘇利文 Dan Sullivan、班傑明・哈迪 博士 Dr. Benjamin Hardy 著

陳文和 譯

目　錄

PART2

10倍成長思維——實踐與應用新思維的具體方法

一本書，槓桿出十倍自由的人生

于為暢／資深網路人、個人品牌事業教練

我是一名創作者，也是一位創業家，這是我的「工作」部分，但工作只是「生活」的一部分，因此我更看重「生活的均衡」，將「最好的自己」放在生活上。簡單說，我努力優化的不僅是工作，也包括家庭、友誼、身心靈健康、不同體驗等面向，也因此，我覺得「人生的優化」才是應該努力的方向，而不是孤注一擲地在工作上表現得更好而已。

這個社會嘗試說服你「魚與熊掌不能兼得」，但這與事實不符，很多人擁有令人稱羨的收入、家庭、人際關係，過著面面俱到的豐盛生活，不僅如此，還隨著時間「Work Less, Make More.」（少工作，賺更多），對未來充滿期待。這樣的人敢做夢，敢築夢，思維和願景比一般人宏大十倍，有句話說「瞄準月亮，至少射中星星」，設定更大的目標，迫使你走上完全不同的路線。這些人不但相信這個信念，而且徹底奉行，因為如果可以飛躍式成長，為何還要踩小碎步前進？人生和事業都是，而這本書會教你如何做到。

本書出自兩位企管大師，特別是我從多年前就開始關注的班傑明・哈迪博士，這位「個人成長界雞湯博士」的全球影響力無遠弗屆，而我認為這本書是他的巔峰之作。如果二倍成長思維是踩小碎步進步，那十倍成長思維就是飛躍式成長。雖然十倍成長思維似乎和我們的直覺相悖，就像英文「less is more.」（少即是多）的矛盾，專一才能最大化，這些觀念似是而非，卻又斬釘截鐵。書中說了很多故事和真實案例，從幾百年前米開朗基羅的工藝，到比特幣交易所Coinbase的企業文化，從古至今，我們從來不缺偉大的開創家，以及十倍成長思維的實踐者。好比業餘球員和職業球員的路線是不同的，看了這本，就會讓你在各方面都擁有職業球員的精神和思維。

本書提出創業家生涯旅程的最終目的是擴展自由，包括時間、財富、人際圈和目標自由，完全命中我的創業原則，超級有共鳴。本書並以不同方式來解釋八〇／二〇定律，也重述作者知名的「落差心態和收獲心態」。我想創業家都是無中生有、弄假成真、再將夢想實現的人，創作者又何嘗不是呢？定義自己獨一無二的能力，超越框架，當做終生志業來對待，全心投入，擁抱這項能力，無須與人競爭，便能十倍地擴張邊際、超越成長、達到應有盡有的人生。

這絕非一本單純的商業企管書，而是充滿靈性，禪味十足，引導你往自己內心探索，追求萬事富足的心智藍圖，活出最棒的自我，最後實現無我的自由，至於創造財富只是順便而已，看完就等於來到更高的層次，在各方面都讓你十倍躍進。我很有信心地說：「Read less, know more.」（讀得少，卻學得多），只要把這本書讀熟，會比你看很多書還收穫更多。這是一本近期我看過最有收穫的書，我誠心推薦！

走舊路，到不了新地方

愛瑞克／《內在原力》系列作者、TMBA共同創辦人

我自己本身是十倍成長思維的受益者。二〇一六年我以安納金為筆名，發願要幫助一萬名散戶翻轉他們的命運，因為我自己曾經是股災下受傷慘重的散戶，而一萬名散戶背後就代表一萬個家庭的幸福。當我開始透過寫作來教導正確的投資觀念，日日筆耕從未停歇，後來如願在六年後累積六本著作、擁有六萬名粉絲。那時，我才漸漸發覺，真正受惠最多的還是相對有錢的人——因為真正窮困的人是沒有錢投資的。

侯文詠曾說過：「是我們關心的範圍，造就了我們能力的極限。」如果我只關心投資人，那麼我能幫助的人是有限的，然而我更關注的是許多生活在社會底層、為了三餐溫飽而拚搏的人。於是，安納金封筆，改以愛瑞克為筆名，創作《內在原力：九個設定，活出最好的人生版本》這本書，發願要幫助十萬人活出更好的人生。自此，我的人生進入飛快成長期，兩年多來受邀進行三百多場演講或專訪，其中包含了不少公益講座、偏鄉學校的演講，讓我能幫助的對象不再受限於投資圈，而我獲得的快樂與滿足感，也可說是之前的十倍！

非常認同此書所強調，十倍成長思維是由未來願景所驅動，專注力將捨棄任何不能通過十倍過濾器的事物。追求二倍成長只會使我們感到筋疲力盡和索然無味，卻無法跳脫既有的思維、心態以及習慣。能夠優化既有的產品及服務、改善流程，固然值得嘉許，然而很多公司把這些都做好了，卻在不知不覺中成為輸家——並不是他們做錯了什麼，而是競爭對手開創了新的產品和服務，顛覆了原有的產業生態——例如：iPhone 誕生的時候只有一顆按鍵，卻把按鍵最多的黑莓機淘汰（後來 iPhone 連那一顆按鍵也不用了）。

不只企業運作如此，個人生涯管理道理亦同。二倍成長思維可以幫助我們領到更多的薪水，或許還可以隨著年資的累積而獲得升遷；然而，十倍成長思維才能幫助我們做出人生最重要的決定，找出最值得投注心神的的志業，激發個人潛能以實現自己的天命，並且到了人生最後回顧時，感到不枉此生。

如果你渴求人生的重大突破與機運，那麼請好好把握您手上這本書。走舊路到不了新地方，而此書將是指引你看見人生新藍圖的啟蒙之書！

獻給我的摯愛——

你們使十倍成長思維夢想成真

力圖提升公司一成的績效，形同把每位成員投入一場機智競賽——使全員與世上所有人一較高下。不論你提供多少金錢誘因，他們都難以成為贏家……倘若企求十倍成長，而非提振一〇%的成效，整個過程基本上不至於百倍艱難，而且你將獲取百倍的成果、得到更滿意的投資回報。而且有時甚至更輕而易舉，因為相對於力求比別人更聰慧靈敏，轉換自己的思維實際上較為划算。

——阿斯特羅·泰勒（Astro Teller）博士，X公司執行長暨登月隊長[1]

別開生面的十倍成長思維

「在大師眼中，毛毛蟲的世界末日是蝴蝶誕生之日。」
——李察．巴哈（Richard Bach）

米開朗基羅自十七歲起，即對私下取得和解剖人類遺體癡迷不已。

在一四九三年，這種「褻瀆遺體」的行為可能遭佛羅倫斯當局定罪並判處死刑。「假如有人甘心冒死嘗試的話，該怎麼辦到？到窮人埋葬場找遺體嗎？」米開朗基羅詢問身為名醫之子的年長友人馬爾西利奧．費奇諾（Marsilio Ficino）。對於米開朗基羅的問題，費奇諾感到難以置信。

「親愛的年輕朋友，這種不惜成為盜墓者的想法，後果不堪設想。」[1]然而，米開朗基羅不畏鋌而走險。無庸置疑，如果別無選擇，他將冒死盜墓、取得屍體。米開朗基羅的根本目標是學習人體解剖。

這時他剛著手創作第一件真人大小的立體雕塑作品：高達九呎的大力士（Hercules）像。

米開朗基羅的贊助者暨導師羅倫佐・皮耶羅・麥地奇（Lorenzo di Piero de'Medici）於不久前（一四九二年）辭世，這促使他計畫以大力士像來紀念羅倫佐。

在試圖創作大力士像之前，米開朗基羅已完成許多較小型的非立體雕塑作品，然而未曾從這些成果直接獲得酬勞。此次是他首度懷抱專業心態推進大型專案，因此不再像新手或業餘藝術家那樣思考或創作。他說服佛羅倫斯聖母百花大教堂（Florence Duomo Cathedral）的工頭，用他在麥地奇宮廷工作兩年存下的五個弗羅林金幣（golden florins），購得大教堂庭院裡一塊閒置的老舊大理石。

當羅倫佐辭世後，米開朗基羅被迫返鄉與貧窮的父親同住。而其父懷疑他成為藝術家的可能性，並且期望他轉行從商。為了贏得父親的祝福，米開朗基羅謊稱此次專案是受人委託，而且委託人買了大理石材。他也佯稱，在完成專案的過程中，每個月將收到一小筆酬勞。這是充滿風險的謊言——倘若沒能獲得回報，米開朗基羅可能須順從父親的心願、放棄自己的夢想。

他在聖母百花大教堂工作坊一隅展開工作，著手運用蜂蠟製作大力士雕像模型。然而，他很快就領悟到自己欠缺，創造活靈活現的人體形態作品必不可少的技能。

「假如我不諳此道，即使是最粗獷的人體輪廓該如何打造出來？除了雕塑出表象、外在曲線、骨架梗概、若干肌理之外，我還能造就什麼？我對各種結果的成因有多少了解？我的雙眼看不見人體表皮下的重要結構，何以領會是什麼自內部塑造了我從外部觀察到的形態？」2

他斷定，繪製和雕塑出栩栩如生人體形態的唯一方法是，直接研究人體內部與外部錯綜複雜的種種細節和各項功能。

但哪裡能找到可用來解剖的人類遺體呢？過世的富人都葬在家族墓園，他無法取得其屍身。中產階級死者身邊總是圍繞著舉行宗教儀式的人們，因此也行不通。在佛羅倫斯，誰的遺體沒人看守且無人聞問呢？

唯有身無分文、孤苦無依和乞討維生的人。當他們生病了，通常會被送進教會開設的醫院、收治於免費的病床上。要完成這項抱負非凡的專案，米開朗基羅必須承擔另一重大風險。倘若他私自解剖屍體被逮到的話，最輕將鋃鐺入獄，而最糟的下場是斷送性命。

佛羅倫斯的聖靈（Santo Spirito）慈善醫院聲稱是當地最大的收容所。米開朗基羅偷偷摸摸、侷促不安地在醫院到處尋找停屍間。當他發現所在地後便開始於深夜潛入，然後在破曉前離去，以免被即將來到附近伙房烘焙麵包的僧侶們發現。

米開朗基羅於數個月期間在醫院停屍間裡，接連利用數十具遺體自學人體解剖。他對林林總總的細節極為執著，這包括各式肌肉、血管和肌腱如何收縮、泵運和伸展。他還剖開每個器官。經過一段時間之後，他對死屍散發的異味已習以為常。他很好奇，人們如此截然不同，但大腦的外觀和給人的感覺卻如此相似。

回到家後，米開朗基羅以素描方式記錄所學，於是解剖成為他最精通的一門專業。[3] 據他日後的學徒指出：

「米開朗基羅經由解剖屍體探究了各種已知的動物，而且他剖開的人類遺體比專業的解剖學家還多。鑽研解剖學對他影響深遠，而且沒有其他畫家能望其項背……他解剖過不計其數的死屍，即使是終生以解剖為業者，相關知識幾乎也難與他相提並論。」[4]

米開朗基羅從而發展出完成大力士雕像所需的技能和自信。在構想和規畫的過程中，他持之以恆地繪製各種版本的素描，藉以啟發關於大力士體態和各種表情的靈感。他設計出和古希臘概念相近、一氣呵成的結實雕像，而非那種肢體伸展開來、腿形寬大、手撐臀部的典型英雄形象。受解剖學知識薰陶，他塑造了軀幹和四肢渾然一體地透顯著力量的雕像，呈現出裸身大力士斜倚巨大棍棒的健美形態。

米開朗基羅用黏土建構初步的模型，然後持續不斷地調整其重心和變換視角，從而找出大力士雕像的最佳姿態。他深諳質量與張力之間的互動關係，據以凸顯大力士斜靠棍棒展現出力量的背肌。大力士的許多肌腱因側身的姿勢而伸展或收縮，多處韌帶繃緊，臀部和肩膀轉向一側。由於米開朗基羅領悟了人體解剖學的奧祕，所以能夠自信地彰顯這一切令人折服的藝術細節。

他測量形塑雕像頸部和腋窩所需的切割深度，以及軀幹傾斜與膝蓋彎曲的程度。他像農夫以犁耕田那樣運用鑿刀。當鑿刀穿透塞拉維薩（Seravezza）大理石風化的表層之後，底下的乳白色石材在其指間分解開來，碎屑宛如質軟的細砂一般，當他鑿得更加深入，很快就感受到大理石質地如鐵一般堅硬，必須使盡全力鑿刻，才能塑成渴求的形態。

米開朗基羅塑造雕像頸部時切割過深，差點把整塊大理石材毀掉。在他奮力操刀逐漸使大力士肩膀肌肉成形的過程中，雕像頭部不斷承受著令人擔憂的震動。假若縮窄的頸部裂開，大力士雕像將失去頭部。所幸雕像頭頸最終沒有斷裂。

為了鉅細靡遺呈現所有細節，米開朗基羅打造了多件鋒利的精巧工具。他每次落槌的力道都十分勻稱，如同以其巧手而非用鑿刀削切大理石。每隔片刻，他便抽身，一邊繞行大理石像，一邊抹除新堆積的一層石屑。他從遠處觀看，接著又拉近距離、瞇著眼檢視這件作品。

後來他還犯了一些錯誤，像是在正面鑿掉過多石材，還好他在背面預留了足夠的厚度，因而無損於原先設計的整體身形。

他的工作進展漸入佳境。大理石上顯現的形體開始與黏土模型若合符節：雕像挺著胸膛，威風凜凜，前臂肌肉線條歷歷如繪，雙腿壯如樹幹。他小心翼翼地以手搖鑽鑿出雕像的鼻孔和耳朵。他用鋒利的精巧鑿刀削出飽滿的顴骨，並且從容不迫地以靈巧的推刀技巧，使雕像雙眼顯得炯炯有神。

當這個專案臨近完成時，他延長了工作時數，甚至於廢寢忘食。在大功告成之後，大力士雕像成為人們街談巷議的話題。斯特羅齊家族（Strozzi family）想把這尊雕像擺在豪宅的庭院裡，於是向米開朗基羅出價一百弗羅林金幣，這對當時佛羅倫斯一般民眾來說是一大筆錢。

大力士雕像完成於一四九四年春季，此時米開朗基羅年僅十九歲。為臻至所追求的藝術水平，他對人體解剖學瞭如指掌，達到雕刻界前無古人後無來者的極致程度。他設定幾乎不可能達成的目標，在實現的過程中犯下許多錯誤，但始終真誠以對、專心致志、不畏風險，最終完成了引人入勝的作品。

米開朗基羅並非天生的卓越藝術家，然而他努力改造自己，堅定不移地尋求十倍成長，從而成為傳奇人物。他完成遠超越過往創作經驗的宏大專案，打造出突破雕刻界既定水準、超脫線性思維的創新作品。而要達到企求的境界，他必須在個人技藝、創造力、投入程度、堅定信念，以及自我認同等各方面徹底轉化。

為實現這個十倍成長專案，米開朗基羅甘冒無比的風險。

他勤奮學習與發展獨一無二的知識和觀點，例如：複雜精細的人體解剖學，以及創造栩栩如生的實體大小人形雕像的方法。就藝術創作者的素質來說，十七歲啟動專案並完成和售出大力士雕像的米開朗基羅，已蛻變成與昔日有霄壤之別的人。

他擁有了遠比先前深廣的技藝和更高度的自信，其心智和情感都與此前大相逕庭，專業地位也和昔日判若雲泥。他享有創造重要作品的聲譽，這促使人們對他深感興趣，許多人亟欲委託他創作。

究竟米開朗基羅是如何達到如此不可思議的突破性成就？

在心理學領域有個影響日漸深遠、稱為「心理彈性」（psychological flexibility）的概念，其定義是：以符合個人標準的種種方法成功應對各式阻礙的能力。[5] 基本上，心理彈性是即使面臨心緒方面的困境，依然朝著選定的目標前進能力。你承認並且接受自己各式各樣的情感，但是行為不受其控制。深具心理彈性的人能於情緒層面成熟茁壯，即使處境艱難仍有能力更投入地過切合自己的人生。[6,7,8] 那麼，心理彈性是如何運作？

它的核心層面是「視自我為脈絡」（context）而非內容（content）。[9,10,11] 這使你不致於過度認同自己形形色色的想法和情感，因為它們不足以代表你。你是自己種種思維和心緒的脈絡，而當脈絡改變時，內容也會隨之轉變。一旦你視自我為脈絡而非內容，將更具靈活度和適應力。你能夠如同更換家具或裝修房屋那樣，促成自我擴展與轉化。藉由拓展自我脈絡（這涉及諸多情感發展），你將能應對更複雜的巨大障礙和機遇，而不至於不知所措。當你為了實現激勵人心、引人入勝的各式目標而另闢蹊徑時，將能抱持謙遜卻又堅定的心態勇往直前。

米開朗基羅具備不可思議的心理彈性。他不屈不撓地展望崇高且深遠的願景，並且不斷提升自己的情感、技能和實現願景的能力。他藉此擴展自身的自由和力量，也就是說，增進其個人特質與生活品質，他基本上隨著每回的十倍躍進更上層樓，並且終其一生維繫不墜。

米開朗基羅的成就並未止於大力士雕像。

他憑藉新獲的自信和技藝展開下階段十倍成長，而開端是一尊小型丘比特（cupid）像，很快就被羅馬樞機主教拉斐爾・里亞里奧（Raffaele Riario）以二百弗羅林金幣收購。里亞里奧深受這件作品鼓舞，於是邀請米開朗基羅住進他的宅邸，並給予他全職工作。[12]

米開朗基羅於一四九六年六月二十五日，離開成長和長年生活的佛羅倫斯來到羅馬，當時他已屆二十一歲。他迅速找到一塊巨大的大理石材，並且著手啟動截至那時最富雄心壯志的專案。八到九個月之後，也就是一四九七年春季，米開朗基羅完成了真人大小的古羅馬酒神巴克斯（Bacchus）雕像。這尊巴克斯像左手拿著一串葡萄，身後有個半人半羊的小薩堤爾（satyr）品嘗著那串葡萄。

里亞里奧紅衣主教的對街鄰居、銀行家雅各布・加利（Jacopo Galli）與米開朗基羅交好，他購得了這件作品，收藏於自家庭院花園之中。加利還於一四九七年十一月助米開朗基羅取得委託，為聖伯多祿大教堂創作《聖殤》（*Pietà*）。這件耗時兩年完成的作品刻畫悲傷的聖母瑪利亞懷抱耶穌遺體的場景。米開朗基羅力求完美，把創造力和雕刻技藝提升到超凡絕俗的境界。

《聖殤》與當時其他諸多相同題材的作品有天淵之別。米開朗基羅是以聖母瑪利亞而非耶穌做為中心人物，而且他描繪的並不是年逾三十的中年耶穌之母，而是看似年輕且容光煥發的處子。她雙手托住被釘死的救世主兒子哀悼著。基督泰半裸裎的優美軀體反映出米開朗基羅的人體解剖學造詣已登峰造極。

這是米開朗基羅另一次十倍躍進的顛峰之作。當他於二十四歲回到佛羅倫斯共和國生活時，已遠遠超越三年前離開家鄉那時的自己。他已具備國外歷練經驗，見過一些深具影響力的人，並且完成了酒神巴克斯雕像和《聖殤》這兩個更上層樓的專案。其中《聖殤》迄今仍被認定為史上最卓越的藝術傑作之一。

在創作《聖殤》之後，米開朗基羅的技藝、創造力和自信，與雕塑大力士像當時已不可同日而語。如果我們把二者相提並論的話，簡直可說是無禮的行為，因為它們在品質、深層意義和影響力等方面都不能等量齊觀。二者就如同速食與精緻晚餐，或精緻晚餐和絕世佳餚那樣有著天壤之別。他在一五〇一年初又啟動了下一階段的十倍躍進。

此時他已完成錫耶納大教堂（Cathedral of Sienna）委託的十五尊雕像之中的四件作品。他得知佛羅倫斯聖母百花大教堂監工組織（Overseers of the Office of Works of Florence Cathedral）正尋覓一位能打造巨型大衛像的雕刻家。

在聖母百花大教堂的庭院中，放置著一件已曝曬於地中海艷陽下超過四十年的、十七呎未完成大理石作品。數十年來，先後有兩位雕刻家放棄它，還損害了它。然而，米開朗基羅企求完成這個專案，他對這份工作的想要勝過其他任何事情。他認為這是一個莫大的機會——另一次十倍成長的契機。時年二十六歲的米開朗基羅自信能創造出類拔萃的大衛像。他說服佛羅倫斯聖母百花大教堂監工組織，自己就是完成這件作品的不二人選。[13]

米開朗基羅的大衛像與那時多數同題材作品大相逕庭——包括多納泰羅（Donatello）的大衛像——他選擇不去刻畫勝利的大衛斬下巨人首級時的挺立英姿。他深思熟慮更仔細研讀《撒母耳記》（*the book of Samuel*），好了解大衛對掃羅王（King Saul）說自己有能力對抗巨人歌利亞（Goliath）時雙方種種互動。

在讀到大衛與獅子和熊搏鬥並將其殺死的內容後，米開朗基羅認清大衛是一位完美男性。他企望呈現大衛勇敢迎戰巨人之前的姿態，而非彰顯其戰勝巨人的偉大勝利。他的大衛像左手握持投石器舉至左肩前方，下垂的右手則握著石頭，臉部表情透露著憂慮但也展現出決心。

米開朗基羅投注近三年時間創作大衛像。這件作品促成了他的全面轉化。大衛像於一五〇四年初完成後，隨即被公認為藝術傑作。當時米開朗基羅年僅二十九歲。

他從這次創作獲得四百弗羅林金幣，是截至當時的最高報酬。當時由最具影響力的藝術家與政治人物組成的評議會，召集了會議評論大衛像的藝術地位，其評價勝過佛羅倫斯市政廳所在的舊宮（Palazzo Vecchio）。大衛像從此成為佛羅倫斯獨立與自由的象徵。

這件傑作實質上是佛羅倫斯的一個轉機。大衛像激勵整個城市重拾勇氣和自豪。佛羅倫斯及其居民開始迎來欣欣向榮的新局。隨著大衛像大功告成，米開朗基羅聲譽鵲起，足與達文西分庭抗禮。在達成另一次十倍成長、能力更上層樓之後，米開朗基羅獲得眾多國家與政府領導者委託創造更多藝術作品。

在一五〇五年為舊宮議事廳繪製《卡辛納之戰》（*Battle of Cascina*）畫作期間，米開朗基羅被迫放棄了這項專案，而其原本可望與達文西同時受委託的《安吉里亞戰役》（*Battle of Anghiari*）平分秋色。前功盡棄的原因在於新任教宗儒略二世（Pope Julius II）委派米開朗基羅打造陵墓，而沒有人能拒絕教宗。米開朗基羅於是前往羅馬展開新任務。

三年之後，也就是一五〇八年，教宗又託付米開朗基羅為西斯汀禮拜堂（Sistine Chapel）繪製穹頂畫。當作品於一五一二年完成時，他已屆三十七歲。米開朗基羅畢生堅持不懈地承擔一個接一個遠超越其技藝的專案，而且它們幾乎都是不可能完成的任務。

多數人對全心全意致力於追求十倍成長心懷畏懼，因為在此過程中必須放下當下的身分認同、種種既有的背景和條件，更要走出舒適圈。企求十倍躍進意味著，以自己能想像的最根本且最激勵人心的未來願景推動人生。十倍成長思維的未來願景將成為你一切作為的過濾器，而且你當前生活中多數事物將難以通過它的篩選。

你現有的事物多半無助於實現自己渴想的未來。誠如演員李奧納多狄卡皮歐（Leonardo

DiCaprio）所說，「你人生的每個更高層級都需要一個別開生面的自我。」

十倍成長思維比你所知更單純、容易、優質

「然而，其作品品質如何？他僅創造最優質作品；他唯獨創作遠超越其能力的藝術品，因為他只能滿足於推陳出新、生氣勃勃、別具一格、能進一步擴展整體藝術的創作。他未曾在品質上妥協；他的人生奠基於身為人與藝術家的完整性之上。倘若他故步自封、不思進取、不竭心盡力發揮最卓越潛能，以致損壞生命的根基，那麼他還剩下什麼？」——摘自歐文．斯通（Irving Stone）的著作《萬世千秋》（*The Agony and the Ecstasy*）[14]

史上最傑出藝術家和創業家都熟諳十倍思維與二倍思維的差異。或許你正思考：從未達到十倍成長的人該如何辦到？

大多數人只求多得到一些，例如：獲得一次升遷、多賺點錢、創下個人的新紀錄。這是二倍成長思維，根本上意味著只是持續或維繫行之有效的事、被過往的可行做法左右現在正在做的事和做事方法。二倍成長思維是線性的，也就是說，力圖藉由加倍努力來產生雙倍成果。你只要更勤快、做更多先前卓有成效的事。

追求二倍成長思維只會使你感到筋疲力盡和索然無味。為了少許的進展而竭心盡力、埋頭苦幹，是極難辦到的事。相較之下，企求十倍成長雖看似不可能達到的目標，卻能迫使你超脫既有心態和改變現行做法。馬不停蹄地努力無從促成十倍成長，同樣，勤勤懇懇和採用線性思維也無助於獲致十倍成長。

十倍成長思維是當今企業界、金融界和自助組織的新穎概念。然而，多數人嚴重誤解十倍成長的真諦和潛能。事實上，人們是從字面上去領會十倍成長思維，所以對此概念的了解往往「適得其反」。由於這樣的認知偏差，多數人在追求十倍成長的過程舉步維艱。他們困在二倍思維之中，更糟的是，他們探尋十倍成長卻找錯方向，陷入更多不知所終的索求賽局裡。

十倍成長思維的關鍵不在於更多，而在於更少。米開朗基羅對此道理知之甚稔。當教宗垂詢其藝術天賦、尤其想知道大衛像創作的奧祕時，米開朗基羅闡釋說：「訣竅很單純。我只是移除了一切不屬於大衛的部分。」十倍成長思維著重於把專注之事簡化為根本的核心要務，並且摒除其他的一切。

史蒂夫・賈伯斯（Steve Jobs）的極度簡化能力達到登峰造極的境界，而極度簡化是創新的精髓所在。設計 iPod 時，他排除人們在音樂消費上不感興趣的所有層面，提供給用戶十倍優質且十倍易用的聆賞體驗。

當你只想聽某一首歌時，不必去唱片行花十二到十五美元購買整張專輯，而是可以便利地從線上商店買到想聽的歌，並且輕易地用口袋大小的隨身裝置，聆聽這些儲放在便於存取平台上的心愛音樂。你無須再從數百張包含八成以上無感歌曲的CD唱片中，辛苦找出想聽的歌。

十倍成長思維的關鍵正是更少而非更多，而且至關重要的是質而非量。米開朗基羅成為傳奇藝術家的關鍵不在於作品多寡，而在於深不可測的創作品質。他一再達成十倍成長，其技藝和藝術表現從而臻至出神入化的境界。當然，他非常努力。事實上，他勤奮到令人難以置信。然而，很多人也如此勤懇卻徒勞無功，或是付出了很多，最終成果卻微不足道。

十倍成長思維能助你實現全然的創新和升級，使你的素質與初始時有霄壤之別。十倍成長就如同從爬行進化到步行；從看不懂英文字母進步到學會閱讀；從笨拙羞澀的人發展成無畏且高情商的領導者。十倍成長相當於從馬車演進到汽車，雖然它們都屬交通工具，卻不可混為一談。在十倍成長的過程中，將發生非線性的改變。這是遠勝於「量變」的徹底「質變」。而且這種轉化是在實現看似不可能的、理想的未來願景過程裡生成，帶領你另闢蹊徑、朝著非線性的方向和道路前進。

二倍成長思維則聚焦於「量」。你只是更努力延續先前可行的作為，然後獲取多一些成果。這是線性且不具創意的方法。你只是加倍賣力，而沒有借助更高的智慧，善用槓桿借力使力。最根本的質變源自內在的「遠見」和「身分認同」。當願景與認同改變，你的一切作為都將隨之變動。你把內在的、情感的演進，外化成為完善的個人特質和優越的成果。十倍成長思維構成你評量一切作為的認知過濾器。你的所有努力不是獲致十倍成長，就是僅能達到二倍成長。

你的專注力將捨棄任何不能通過十倍過濾器的事物。根據限制理論（constraint theory），缺乏專注力是人類最重大的發展瓶頸。專注力是我們最有限的資源，甚至比時間更加珍稀。的確，專注力的優質和力度決定了時間的品質。多數人容易分心、專注力轉移，而且似乎從未聚焦於當下。十倍成長思維意味著直接專注於少數關鍵要務，由於焦距集中所以強效，而且影響深遠。

最後，**十倍成長思維的關鍵不在於任何特定結果，其關鍵在於過程**。十倍成長思維是一項發展潛能。我們卓有成效地發揮十倍成長思維以求：

- 顯著地擴展遠見和提升各項品質；
- 簡化策略與集中焦點；
- 識別和排除非必要事物；

- 在獨特領域培養登峰造極的能力；
- 領導熱中於我們的願景的人們，並對他們授權賦能。

十倍成長思維是徹底改造自我和人生的方法。每當你致力於十倍成長，你將踏上一段旅程。在旅程中，你將如同剝去洋蔥的層層外皮那樣，逐漸展露自我的本質。隨著剝除層層表象，你逐步放下私心、日漸轉化，最終呈現出最真實的自我。

十倍成長思維和自我轉化將賦予你自由。自由有兩個等級，一個是表象層次的自由，另一個是更高層級的自由。表象層次的自由是外顯的，而且更易於衡量，例如：免於無知、貧困和奴役的自由。而更高層級的自由則是內在的、品質層面的且更為豐足的，例如：全盤掌控自己人生的自由。[15]

我們必須決心投入和具備勇氣才能擁有更高等級的自由。我們自主選擇各項標準並據此過自己的人生，而不去顧慮連帶的風險或代價。別人無法給予你更高等級的自由。這種自由純粹是內在的，它使我們有意識地選擇關鍵要務。我們可能擁有想像得到的一切外在自由，卻依然沒有真正的自由。

我們應以十倍成長思維做為手段，而自由就是我們的目的。在謀求十倍成長思維的過程，你有意識地選擇特定等級或特質的人生，不論那是多麼與眾不同，或者顯得難如登天。你依據自己的抉擇過生活，並且全心全意致力於徹底改造自己和周遭世界。

世界一流的策略教練（Strategic Coach）公司共同創辦人丹・蘇利文（Dan Sullivan）發現，追求十倍成長思維的人們渴望四項基本自由：

- 時間自由；
- 財富自由；
- 人際圈自由；
- 目標自由。[16]

自由基本上是內在且講求品質的。你自主選擇並且欣然接受它。沒有人可以給予你自由或是奪走你的自由。米開朗基羅終其一生拓展了前述四項基本自由。追求自由是他人生一場無限賽局。他在此過程中進一步充實內在自由。每次他致力完成一項看似不可能實現的專案、達到十倍成長，便獲得了更高層次的自由。

他把時間投注於更美好的事物，並且提升自我和眾人對他的評價。於是他的**時間自由**源源不絕地擴增。他獲得更大型的委託案，而且託付者提供住宿、為他雇用僕人、支付各項材料費用，並且聘請助手幫他完成創作。他的**財富自由**與日俱增，生活和事業不再受制於錢。

他成為家喻戶曉的人物，於是教宗也把一些專案委派給他，這改變了米開朗基羅的人生，以及歷史和文化的發展方向。他的人際圈自由不斷地拓展，幾乎能觸及任何想接觸的人，而且具有非凡影響力的人們爭相尋求其作品。

人際圈自由促進了目標自由，因為人際關係能為我們開啟和關閉各種門徑。我們能藉由人際圈裡的種種選項和機會裡促成非線性的十倍躍進。比如說：熟識公司老闆的人有機會取得領導者的角色。鄙夷這類實情的人並不了解四項基本自由，而且受制於事實。我們理應學習各種現實法則，並且藉此形塑符合自己期望的事實，無須去爭辯。

米開朗基羅的目標自由幾乎達到難以置信的程度，於是他得以實質地改變文化、國家和經濟的發展方向。隨著每次的十倍躍進，他選擇和闡明的人生目標顯著地拓展且更富意義。他的人生指數型擴張，也具有明確的目標。

創業家生涯旅程的最終目的是擴展自由，擁有自由或創造自由實質上是無止境的過程。詹姆斯・卡斯博士（Dr. James Carse）將擴展自由稱為「無限賽局」（infinite game），它是關於持之以恆地改造自我、徹底改變自身投入的活動，以及始終不被任何有限賽局或成套規則困住。[17]

二倍成長思維意味著困在有限賽局的處境、觀點、目標和認同之中。你將無法拓展自己存在、擁有和做事的自由。你將受制於恐懼、不知所措。你只是維繫著自我和當前事業的現狀。

企求十倍成長思維是擴展自身自由的無限賽局。自由的代價不菲。我們必須開門見山、坦誠以對自己和其他人，縱然這令人心生畏懼，卻能讓人解脫桎梏。十倍成長思維不容許折衷遷就或心有旁鶩。要達到目的自由，我們必須捨棄人生中一切不能促成十倍躍進的事物。這將是艱難的挑戰，因為我們多數時候可能困在二倍成長思維之中。

培植十倍成長思維，必須拋開所有不屬最高目的和無關自我核心的事物。

我的十倍成長思維之旅

這本書是獻給有志於十倍成長和自我轉化的讀者，書中將傳授你達成目標的方法。筆者曾一再親歷十倍躍進，因此領會了箇中道理。此書是由我——班傑明．哈迪博士（Dr. Benjamin Hardy）——與協作者暨主要共同作者丹．蘇利文合力寫成。

當我攻讀組織心理學博士學位時，專注於研究創業者的膽識和變革型領導力。[18、19]在學術探究的過程中，我洞悉了一個極新穎的概念，將其稱為「不歸點」（the point of no return），用它來識別有志創業者與成功企業家之間的核心差異。在那個全心全意投入、不能走回頭路的時點，你從避開畏懼的事物轉換到全力邁向最渴求的方向。我還發現，最強大的領導者能徹底改變其追隨者、使其身分認同與行為提升到引人注目的更高層次。

在二〇一四年到二〇一九年完成博士學業期間，除了從事研究和接受教育，我還寫了許多部落格文章，獲得逾百萬人點閱。這些文章定期發表於《富比士》、《財星》和《今日心理學》等雜誌和期刊。從二〇一五年到二〇一八年這三年期間，我是總部位於矽谷的 Medium.com 大型部落格平台擁有最多讀者的冠軍寫手。我還於二〇一八年出版了首部主要著作《意志力不管用》（*Willpower Doesn't Work*）[20]，並且將線上訓練課程的收益提升到七位數。

在二〇一九年拿到博士學位之後，我陸續出版了五部書籍，其中三部是與傳奇的創業教練丹．蘇利文合著。這些著作迅速成為商業和心理學領域的基本讀物，總計已售出數十萬冊。

我和妻子蘿倫都親身體驗過多次十倍成長。在二〇一五年我攻讀博士學位第一年期間，夫婦倆成為三歲、五歲和七歲的三個小孩的寄養父母。在接下來三年裡，蘿倫和我上法庭對抗家庭寄養制度，並於二〇一八年奇蹟般獲得領養權。領養三個小孩一個月之後，蘿倫懷孕了，並在當年十二月生下一對雙胞胎女兒。

沒錯，我們在那年從沒有小孩變成有五個小孩的家庭。這是我們的一次十倍轉化。然後，我們又有了第六個、也是最後一個小孩，超可愛的笑臉男孩雷克斯。

我還可以談論更多親歷的十倍成長體驗，不過那不是重點。關鍵在於，自從經歷人生首次十倍成長之後，我亟欲了解這個過程的錯綜複雜細節。因此，在過去十年間，我興致勃勃地研習十倍成長思維和轉化相關心理學，以及活用方法。

這項研究使我觸及丹・蘇利文的專精領域。他在此前五十年裡親自教練的高階創業家人數遠超越其他在世的教練。他的商業策略教練公司是舉世首屈一指的創業家培訓組織，其教練課程於過去三十五年間，吸引了逾二萬五千名商界高層人士參與。

當我在二〇一五年首度啟動自己的創業計畫時，著手探究了丹的教練工作，同時也繼續於學院裡進行創業家膽識相關研究。丹的教練方法使我大開眼界，從且影響了我在寫作和創業上的十倍躍進，使我得以在短短幾年內打造出業績突破七位數的公司。

我深愛且感激丹的教練方法。這促使我開始與丹合作，從而寫成了本書和其他兩部著作《成功者的互利方程式》（*Who Not How*）和《收穫心態》（*The Gap and The Gain*）。[21、22] 就如同我們先前的著作，本書是根據我自己的觀點，以我自己的話語寫成。用丹的表達方式來說，「我是寫作此書的人，因為沒有其他人能夠辦到。」

儘管如此，丹的教練課程奠定了這個寫作專案的基礎，他是一位貨真價實的大師。他的觀念和想法獨一無二且挑戰我們的直覺，因而比傳統智慧別出心裁。舉例來說：他主張，創造十倍成果實際上比獲得二倍成果更加輕而易舉。上門求教的創業家起初泰半感到疑惑不解、難以置信。於是丹揭示簡要又意義深遠的種種洞見和觀點，闡明其想法的真諦，使其領悟箇中道理。

本書將丹教練數萬創業家、助其獲致十倍成長思維的五十年資歷，以及我對企業與指數型成長相關心理學的背景知識融會貫通，就十倍成長思維這個極熱門又廣受誤解的課題，提供了別開生面的觀點。

為了闡釋十倍成長思維的真諦，使其簡明易懂、讓讀者從中獲益又能立即活用，我深入研究無數的心理學相關著作，並對丹及其教練過的數十位頂尖創業家進行訪談。他們講述了從未對外人透露的形形色色故事，從而徹底轉化了亟欲證明丹各項理念的人生。

我與丹在二〇一八年展開的合作關係最初屬於實驗性質。我相信透過主流商業書的形式來分享丹的各項概念，將能改變人們的生活。我也確信，高階創業家能領略丹的教練課程的力量和深度，並且持之以恆、奮發不懈功地實現十倍成長。

我們的實驗確實獲得了成果。我們首度合著的書籍《成功者的互利方程式》闡明了兩人最初對十倍成長思維的抱負。該書的目標在於促成數十萬名讀者自我轉化，以及引領逾五百位成長導向的創業家們參與丹的直接訓練課程。

《成功者的互利方程式》出版後不到兩年，上述兩項目標都已達成。該書迅速成為商業領域著作的經典和長銷書，而且每天都有高階創業家因丹發人深省的當頭棒喝，加入策略教練公司的培育課程。

我們的合作為彼此的人生和事業帶來了十倍轉化。我們更於日前達到新等級的十倍成長，同時也繼續想像著下一回的十倍躍進。我們計畫出版更上層樓的好書，並冀望能吸引數百萬讀者，以及直接促成逾五千位企求十倍成長思維與自由的世界一流創業家投入丹的教練課程。當創業家們參加培訓將能直接取用我們著作提供的一切資源。

本書將如何改變你的人生

「任何生命都處於連續不斷的變化和進展狀態。一旦你自認已達到渴求的層級而停下來休息，你心靈的某個部分就會進入衰敗的階段。你將喪失千辛萬苦培養的創造力，而且其他人也開始察覺此事。你必須堅持不懈地延續創造的力量和智慧，否則它將消失殆盡。」——羅伯・葛林（Robert Greene）[23]

我於日前一場牛排晚餐會，向若干朋友分享了本書中一些觀念，然後觀察著他們恍然大悟時的神情。他們領悟到自己的人生太多時光困在二倍成長思維之中，並且難以置信地搖頭嘆息。

他們顯然認清自己毫無必要去維持著諸多有礙十倍成長思維的事物、專案和人員，也因此感到荒謬。他們的日常運作是基於需求而非想要；出於匱乏心態而非豐盛心態；注重安全而非自由。一位朋友聽我談論書裡分享的原則之後，對他身旁狼吞虎嚥著三十二盎司戰斧牛排的商業夥伴表示：「我們理應放棄那些差強人意的客戶和專案。」

本書闡發了以下最讓人意想不到的道理：十倍成長思維與我們的直覺相悖、遠較二倍成長思維輕而易舉。達到十倍成長遠比二倍成長簡單。當然，十倍成長思維並非恰如表面看來那般「輕鬆」和「簡單」。

誠如美國作家艾略特（T.S. Eliot）所言：「完全簡明易懂的事情……其代價不會低於任何事情。」[24]你必須放下生活中一切無關宏旨的事物，就能求得輕鬆和簡單。更具體來說，你理當捨棄所有並非自己真正想要的事物。十倍成長思維過濾器將切實地篩除一切達不到十倍成長的事物，而且那將是你人生中多數事物。倘若你願意放棄並非真正渴想的事物，那麼你的生活將無限地輕鬆、簡單，而且你將比往日更有成就。

這令人望而生畏嗎？

的確如此。

這需要百分之百的投入嗎？

絕對需要。

就如同撕除創可貼那樣，最困難的部分其實是考慮的過程。衝擊效應雖非憑空想像，但只要下定決心，一切都將改觀。從你做任何事情的方法，可以看出你如何處理一切事物。你理應以十倍成長思維做為人生的過濾器和指標。

你將透過本書領會何謂十倍成長思維，以及為何十倍成長思維的成長是最自然、最激勵人心、最強有力的生活方式。你也將以截然不同的觀點看待自己和世界。你將以全新的視角洞察自己的潛能，以及衡量自身的每項決定。

你將在讀完本書前開始想像和理清獨一無二的、足使自己人生徹底轉化的十倍成長躍進。你將以十倍成長思維做為新的標準和自我認同，並且篩除掉過往框限你的二倍成長思維產物。十倍成長思維的成長是無止境的過程：自由是無限的；這是內在的博弈；這是無限賽局；這是反覆不斷的競賽。

唯有你能決定自己實現人生目的和表達最真實自我的轉化程度，以及自己將走多遠。假如你決心於此時此地著手追求十倍成長思維，未來的你將與當下的自己有天淵之別。你將擁有此刻無從領略的自由。雖然你當前還無法想像時間自由、金錢自由、人際圈自由和目標自由這四個層面的十倍價值和品質，但對於未來達到十倍成長的你，這一切都將是司空見慣的事情。

每回你致力於十倍成長，你將再次走完相同的過程。讀者將在本書的**第一章**領會這個十倍成長思維過程的各項細節。你會確實地明白，何以十倍成長思維和二倍成長思維是正好相反的事情，以及為何十倍成長比二倍成長更加容易、簡單且更為振奮人心。

在**第二章**，你將學習如何培植十倍成長思維，並在投入的過程中徹底改變自己和自我認同。這屬於十倍成長過程的內在情感層面，也就是見真章的地方。設定十倍目標是一回事，而達到十倍成長則是迴然有別的另一回事，這需要純然的投入和勇氣。只要你認真以對，整個人生將徹底改觀，而且這是擴展自我和獲取自由的唯一方式。我們將幫你學會以十倍成長思維做為標準，好持續排除自己並非真正想要的事物，以及完善自我認同。

到了**第三章**，你將領略想要和需要之間的差異。要達到十倍成長，你理應轉換觀點，不再從需要的視角看待人生和世界。你不是出於需要而採用十倍成長思維，而是企求自我達到十倍成長。自由的最高形式奠基於想要而非需要。選擇個人渴想的事物需要徹底的坦誠、投入和膽識。你將開始逐一剝除表層，並且展現出自己的本質與精髓。你愈誠實面對自己，愈能理清和發展獨一無二的能力，也就是你身為人和創業家特有的強大力量。若不開發獨一無二的能力，人生將平凡無奇且充滿挫敗。敞開心胸和發展獨特能力需要投入的決心與勇氣，也必須不惜展現自身的脆弱，這就像是既攀登山岳又縱身躍下懸崖。在探求十倍成長的過程中，你剝除愈多表象，就愈能展現最真實的自我。你的人生將更具價值和目的感。

在**第四章**裡，你將學會如何從不同的觀點審視自己的過往，這將使你能夠更加看清和珍視已獲致的一切十倍成長。你將能連結各個關鍵點、了解自己一路走來的全貌，並且可據此籌畫內心渴想的下一回非線性的、優質的十倍躍進。你將領悟如何使十倍成長思維常態化、成為自然而然的日常生活方式，以及如何經由審視過往和未來、認清與感受十倍成長的過程。

本書**第五章**將幫助你擺脫義務教育體系的僵化思維，以及多數企業沿用的線性和量化的時間模式。那些都是以十九世紀工業時代工廠的時間模式為基礎，根本上對於十倍成長與轉化毫無效用。你將學習丹在數十年間發展的時間模式，不但有助於創業家贏得十倍成長思維，也能推升生產力、增進成功和幸福。與其在量化的時間模式裡運作，不如借助更優異的方法使時間發揮槓桿作用。這將增益你的心流和人生樂趣，使你更加徹底的轉化。你將不再受限於預定時程表。你的時間將不再片片段段、瑣瑣碎碎。你將擁有更廣大的時間區塊來推行深度工作、恢復身心靈和享受峰值體驗。

在**第六章**，我們將出個難題考驗讀者，促使你運用前面各章節的構成要素來打造自主管理的公司、開創自由的企業文化。你將借助自我管理和自我倍增的團隊來應對事業的**所有層面**。你將成為變革型領導人，擁有欣然專注於少數關鍵要務的**全面自由**。這些要務包括：創新、擬具策略、形塑願景、協作和進化。你的願景將引人入勝且激勵人心，人們將從而洞察到各式各樣十倍成長的未來。你將訓練身邊每個人成為更優秀的領導者，促使他們演進到超越現有角色功能的更高等級，引領他們發展出嶄新的自我、自由地迎向下一個十倍成長階段。這就是展現**獨一無二的團隊合作能力**的方式。你們在十倍成長思維的系統裡運作，你的人生逐漸變得更單純、舒緩、深刻，而且更加強而有力。

你是否已準備好追求十倍成長思維？

讓我們啟程吧。

PART 1

10倍成長思維

大幅改變人生品質的思維方式

想不到十倍成長思維如此簡單，以及為何二倍成長思維有礙發展

「通往地獄之路是追求數量的人鋪設的。注重數量會導致邊際產量、邊際客戶，且將大幅增加管理的複雜程度……艱辛的工作總是伴隨著低報酬。擁有洞察力和從事自己渴想的工作才能帶來高報酬……我們理應在少數關鍵要務上力求卓越，而非在眾多瑣事上謀求績效……我們不須擔心時間不充足，而應憂慮絕大多數時間耗費於低品質工作的傾向……八〇／二〇法則揭示，如果我們把雙倍的時間投注在二成的核心要務上，將能每週工作兩天，並且達到比當前高出六成的績效。」——理察．柯克（Richard Koch）[1]

「倘若你企求把利潤提升一成，將會怎麼做？」

我曾參與行銷專家喬．波力士（Joe Polish）的創業家智囊團，他那時向大家提出數個問

題，上述是其中之一。

在思考了五到十分鐘後，我們展開團體討論。當時艾倫．巴納德博士（Dr. Alan Barnard）碰巧也參加這個智囊團活動。他是全球首屈一指的限制理論和決策專家之一。

「說實話，這個提問實在很糟糕。」巴納德博士指出：

「我確確實實有無限的方法能夠使利潤增長一成。這樣的目標並不足以開創專注力和特異性。然而，倘若問『假如你渴望使利潤提升十倍，將會怎麼做？』則是更好的問題，因為可行的方法可能少之又少，甚至只有一種方法能夠創造十倍成長。實際上，你當前的做法幾乎都無法獲致十倍成長思維。要分辨訊號和雜音，你必須設定夠大的目標來汰除大多數無益的途徑或策略。看似不可能達成的目標有助於你辨識出，一個或少數幾個具備最有利層面的情況。有限的專注力是最珍稀的資源，你理應把它聚焦於少數關鍵要務。」

要達成目標，我們必須測試其外部界限。我們應竭盡所能向外探測。唯有設定似乎不可能實現的目標，我們方能不再基於既有的假設和知識行事。我們將對新想法敞開心胸，並且琢磨從未考慮過、別出機杼的行動步驟。[2]

基於過往的假設和準則的線性行動，出自二倍成長思維。至於基於激勵人心且看似不太可能實現的願景而產生的非線性行動，則源於十倍成長思維。巴納德博士向來鼓勵人們，設定自己都認為不可能落實的宏大目標。舉例來說：假若有創業家想於一年間獲得百萬美元利潤，巴納德博士將問他，「你相信這可能實現嗎？」

創業家將回答說，「我相信。」

「那你相信自己能在未來一年賺進上億美元利潤嗎？」巴納德博士將追問。

「我不認為自己能辦到。」創業家將答道。

博士將告訴他，「那是難以落實的目標，除非……滿足某些條件。你理當自問要如何創造這樣的條件，來使不可能實現的目標得以成為現實。」

創業家理應開創種種條件，使難以實現的目標成為可能。巴納德博士指出，創業家企求投注的時間與精力獲得最高回報，就必須專注於創造有利條件和制定落實目標的策略。其他的一切事情都只會干擾你實現目標。看似不可能落實或是極為艱難的目標，能使我們立即分辨出什麼方法管用、什麼行不通，從而洞察有助於獲致最佳成果的少數關鍵途徑。因此不可能實現的目標實際上是踏踏實實的目標。

小目標無助於闡發行動之有效的行動步驟，因為它們過於微不足道，或者只是當前所處位置無足輕重的線性延續。這基本上可以說明，為何落實十倍成長思維的目標和願景比二倍成長思維更簡單、更容易且更實際可行。我們有太多可取的途徑來達成二倍目標，而這只會造成我們疲於分析而無力行動，使我們極難確知應把最優質的時間和精力專注地投入於何處。

相反地，能夠實現十倍目標的策略或行動步驟屈指可數。以我的兒子卡萊布為例：他熱中網球運動，而且想要成為大學網球選手。教練最近問他說，「你何不朝職業選手的方向努力？」這讓卡萊布深感意外，因為他從未想過這有可能實現。在開車載兒子回家的路上，我們討論了教練提出的問題：「倘若全心全意以職業網球選手為目標，能否帶給你任何改變？」

「或許吧，」他回答說。

「從當前的發展軌跡來看，你認為自己能成為職業網球選手嗎？」我問。

「不能。」他回答說。

「我們能找出使你成為職業球員的行動步驟嗎？」我問。

「有可能。」他回答說。

「當職業球員和成為大學選手的途徑截然不同嗎？」我問。

「是的。」他回答說。

目標將決定落實的過程。丹・蘇利文說，「更上層樓的唯一方法是開創更宏大的未來。」將目標提升到更高層次並且企求十倍成長，可推促你另闢蹊徑、力求如願以償。面對截然不同的人們，我們理應提出迥然有別的問題。

有數不勝數的途徑可以達到二倍成長或線性進展，因此追求二倍成長的過程將無比複雜而且缺乏效率。反觀能促成十倍成長思維的行動步驟則寥寥無幾，所以達成十倍目標較為單純且更具效率。由於幾乎沒有其他行得通的方法，可行的行動步驟將發揮無與倫比的效用。

我們居住的奧蘭多地區有許多能幫卡萊布成為大學網球選手的教練，然而此地能實際指導卡萊布達到職業球員水準的教練則如鳳毛麟角。倘若卡萊布全心全意想成為職業網球選手，我們必須徹底地轉變他的培訓過程。

出乎我們意料的是，卡萊布成為大學網球選手的最佳機會在於，把他的目標提升為具備職業球員水準，如此一來我們將開始更深入地認清他的現況，並要求他努力達到無懈可擊。換句話說，獲致二倍目標的最簡易方法就是謀求十倍目標，因為這將驅使你不再去做那些徒勞無功的事情。誠如諾曼・文生・皮爾（Norman Vincent Peale）牧師前輩所言，「要有遠大甚至遙不可及的目標。縱使你未能如願登月，也將置身群星之間。」

這個道理也適用於企求十倍成長的過程。如果以成長二倍成長做為目標，即使你全力以赴，進展仍將非常有限、難以遠遠超越當前的成果，也不會有顯著的差別供你確認未來的努力方向，或使你認清哪些進行中的事情終將徒勞無益。

十倍成長思維則能幫你分辨信號和雜訊。你的一切現行作為幾乎都無助於十倍成長，這意味著，你理應以更坦率的態度、認真以對當前做的所有事情。你也須更審慎地選擇實現目標的行動步驟，畢竟對十倍轉化具有成效的途徑或條件寥若晨星。

在心理學領域，路徑思考（pathways thinking）被視為高度投入特定宏大目標者的一項屬性。這些志向遠大的人持之以恆地學習、不屈不撓地完善過程和達成目標的途徑。他們從種種阻撓目標實現的障礙獲取回饋，並學會如何相應地調整行動步驟，以求日益精進。[3,4,5,6,7,8,9]

當一個目標有眾多可行路徑或解決方案時，我們很難得到卓有效用的工具。宏大的目標可幫我們過濾掉雜訊，有助於我們確認應當專注的要務以帶來最高效的影響。達成十倍目標的途徑屈指可數，因此比二倍目標單純。

我們的目標和標準愈是崇高和具體，達標的選項就愈少，而且與我們的直覺相悖，達成更高目標實際上更輕而易舉，因為它們會使你明快捨棄進行中無足輕重的瑣事，從而有餘裕來探索和檢視各種更優異的選項。

假若你想擁有一棟夢想中的房子，那麼你能選擇的各種家具就會變得更少。你愈企求特定的事物，符合期望的設計師益發寥寥可數。相較之下，如果你的標準不高又不具體，將有不可勝數的選項。

當你力圖解決極其複雜且特殊的問題時，你將需要一位專家而非通才。我們不能指望任何一位醫生都能幫人維持最佳健康狀態。對於十倍成長思維來說，你一直在做的事情幾乎都無關宏旨，只會分散你的專注力。

十倍成長思維VS.二倍成長思維框架——為何二者與你所想大不相同？

「倘若我們沒有抱負、不渴求某種遠大的目標，怎能明白該捨棄哪些微不足道和令人分心的小事？」——萊恩・霍利得（Ryan Holiday）[10]

出類拔萃的創業家如何經由更簡易的、與直覺相違的途徑來獲得更優質的成果？

卓越的創業家唯有憑藉十倍成長思維，才能以極嚴謹的心態應對其投注時間和精力的一切事物。擁有十倍成長思維意味著你領悟到，誠然應日益專注於少數關鍵要務。你深知，投入更多工作時數不必然能獲得更佳成果。增加工時通常反映出，你的思維不夠創新，因而必須苦幹實幹。延長工時意味著，你生活在二倍而非十倍成長思維脈絡中。你專注於賣力做事而非企求徹底轉化。

經濟學家和統計學者針對八〇／二〇法則，或稱帕雷托法則（Pareto Principle），理清了一個眾所周知的關鍵概念。該法則揭示投入與產出之間存在不對稱關係，並且明確指出八〇%的結果來自二〇%的成因。

講白了，你極度渴望的最佳成果有八成出自二成的專注力，這當中包含你致力的各項核心要務，以及你擁有的種種特定人際圈。相反地，你八〇%的專注力僅產出二〇%甚至於更少的良好成果，這意味你投注了許多時間和精力的事物，實際上嚴重限制了你的發展。這正是該法則引人入勝之處。而且我們尚未闡明一個關鍵：假如你企求具有意義和目的人生，至關重要的問題是：**要如何分辨二成關鍵要務和其他八成無足輕重的事物？**

我們必須做好兩件事情，而多數人在完成第一件事後，往往就停滯不前。如果你於實行第一步驟後即裹足不前，很可能將無法分辨二成要務和八成瑣事。第一個步驟不可或缺，但僅做好這個步驟不足以成事。那麼，我們首先應做什麼？

為了釐清什麼重要、什麼不重要，我們必須詳盡闡明自己企求實現的目標。如果沒有明確的目標，我們將難以找到能產生預期成果的途徑。在路易斯・卡洛爾（Lewis Carroll）的童書《愛麗絲夢遊仙境》（*Alice's Adventures in Wonderland*）裡，當愛麗絲走到一處岔路口時，她詢問柴郡貓自己應選擇哪一條路。

「這主要取決於妳想去哪裡，」柴郡貓指出。

「我不太在乎去處，」愛麗絲答道。

「那麼，走哪條路都無關緊要，」柴郡貓表示。

倘若沒有明確的目標，你將無從確認能助你實現目標的二成關鍵途徑，以及其他八成將把你帶往其他方向的路徑。儘管如此，當目標和現況並無太大的差別時，你不會為了達標而徹底改造自己，因此也無須分辨二成的有效途徑和八成的無益路徑。你用不著為不足掛齒的小目標改變現行做法。這將使你很難確定應當專注於什麼，而且不再去辨別無助於達標的事物。

目標渺小的人不需要符合帕雷托法則的思維，因為他們不須對既有的做事方法進行大幅度的調整。所以，辨識二成關鍵要務的第二項必要條件是，設定更加遠大的目標。這直接關聯到先前討論過一切關於期望和決策過程的研究，當中就包括巴納德博士對於不可能實現的目標所提出的若干關鍵洞見。唯有擬定足夠宏大的目標，才能汰除那八成無益於實現十倍成長的現行做法。唯有設定十倍目標，方能使八成行不通的策略、人際圈或行為變得顯而易見，甚至顯得荒唐可笑。

接下來，我們要探討丹．蘇利文發展的十倍成長思維對比二倍成長思維框架。

簡而言之，如果你企求二倍成長，大可維持現行生活方式中八成的做法。而且，只求二倍或是線性成長的人實際上正是如此過生活。抱持二倍成長思維者因循守舊，主要延續已行之多年的有效途徑。二倍成長是線性的。你不會做任何千差萬別的事情。多數時候你只是以行之有效的舊方法加倍努力做事，並且盡可能減少改變。

十倍成長思維則正好相反。企求十倍成長思維必須揚棄當前八成的生活方式和專注的事物，全心全意投入二成能夠實質產生重大影響的關鍵要務。每回你力求達到十倍成長，這樣的過程將再次發生。不論你迄今達成了多少次十倍躍進，這個法則始終顛撲不破。蘇利文提出的十倍成長思維的基礎是：你無法藉由自己過去的思考方法來發揮十倍成長。

幫助你走到當前位置的思維無助於你贏得十倍成長。要達到十倍成長，你只能專注於二成的關鍵要務、排除其他一切無關緊要

二倍成長思維	十倍成長思維
80%現行做法	20%現行做法
20%新方法	80%新方法

的事物。唯有理清和確認十倍願景，你方能看清阻撓你達標的八成雜務。

十倍成長思維將徹底改變你當前的生活品質，而不只是重新安排你的生活方式。在追求十倍成長的過程中，你的世界裡，包括自我在內的一切，都將煥然一新。

丹・蘇利文協助過數之不盡的創業家專注於二成關鍵要務、捨棄八成非核心事物。他在策略教練公司傳授的一項思維工具，可用來識別當前的二成頂級客戶——他們為公司帶來八成的營收和幹勁——以及在二成事關重大和八成無足輕重的客戶間劃出界線。

「如果你立即割捨墊底的八成客戶，將發生什麼事情？你將需要多少時間來回復當前的營收水準？」

受訓的創業家們思考過丹的上述問題之後，許多人給出這樣的答案：「大約需要二到三年。」這並不是很長的時間。而且，考慮到這些創業家多數投注了數十年來打造公司，二到三年相對來說是很短的時間。以下這段有趣且深得人心的迷因文字生動描繪了，為何留住二成頂尖客戶比維持八成墊底客戶更加輕而易舉：

五百美元客戶：「鑒於我即將支付的金額，我覺得我們應當弄清楚，彼此的人生將會如何改變，而且你必須帶來種種成果。我把我們的生計和自己的人生託付給你了。」

五千美元客戶：「錢已匯過去，感謝。」

十倍成長思維比二倍成長思維更加簡明扼要。以卡森・霍姆奎斯特（Carson Holmquist）為例，他在二〇一二年二十六歲時著手創業，成為營建業運輸公司川流物流（Stream Logistics）共同創辦人暨執行長。這家公司提供給營建業者運輸服務與後勤支援，例如：卡車和拖車。

川流物流從二〇一二年到二〇一七年快速成長，團隊成員自三人擴增到三十人。大約在這個時期，卡森參與了策略教練公司的培育課程，學習如何進一步促成公司達到十倍成長。他最初領會到的一件事情是，為了獲致十倍成長，公司必須能夠做到自主管理，如此他才得以自由地推動創新、擬具策略、達成自我轉化和思想進化。

卡森當時每週工作五十小時，而且與聞公司所有層面的事務。他後來承認自己管太多，並且領悟到自己成了公司一切事物推展上的一個瓶頸。他兢兢業業卻少有建樹。丹的教練課程使他領略自己阻礙了團隊的成長和自主運作。他也了解到，過度專注於公司林林總總的日常細節，限制了自我的各項發展。他不斷應對日常事務，以致沒有時間思考公司的未來走向。

丹・蘇利文總是觀察到創業家落入這樣的陷阱，並且時時提醒他們，被時程規畫等枝微末節的事綁手綁腳，終究難以實現自我轉化。二倍成長思維只能對你的事業起作用，而十倍成長思維則對自我和事業都卓有效用。二倍成長思維猶如力圖同時優化馬和馬車、使種種努力帶來些微的改進。十倍成長思維則超脫既有想法的框限，像亨利．福特那樣創新汽車工業，也就是使種種努力促成大幅度的進展。卡森曾日復一日困在二倍思維模式中埋頭苦幹，以致其自我、願景和想法都未能徹底轉化。後來，他投注了約兩年時間聘用和訓練一支新領導團隊，接手他先前掌理的一切事情。到了二〇一九年底，川流物流公司的團隊擴增到近四十人，而且已能全面自主管理。

卡森不再受滿檔的行程表束縛。他獲得全然的自由，因而有餘裕來著手仔細分析和重新思考公司的未來前景，以及在為人處事和領導企業上逐步進化。

卡森在那一年參與了策略教練公司最高階的「自由區新領域」培訓計畫，跟其他創業家一同學習如何拓展思維、形塑獨一無二的協作關係，以及找到利基市場。他從而領會了丹提出的更高階模範「你想成為誰的英雄？」[11]。這是個簡單的概念——精確地闡明你確切想和什麼類型的人共事、理清哪些人同樣珍視你專注的要務並給予高度評價。

卡森認真思索這個問題，並且著手考量其形形色色的客戶。他深入探究公司各項數據和會計資料，從而意識到川流物流的客群可分為兩種類型，一種是「日常貨運」客戶，另一種是「高風險貨運」客戶。在二〇一九年那時，卡森的全體客戶中有九成五是日常貨運顧客。這類客戶並沒有獨特或是古怪的需求，他們多數只要求川流物流把託運的貨物從甲地送達乙地。川流物流投注最多的時間服務這類無處不在、需求單純的顧客。

卡森深思熟慮後洞悉了不祥之兆。他的公司毫無獨一無二的特色。儘管他們提供客戶超越多數競爭對手的極高品質服務，但日常貨運顧客其實不太在意服務品質。這類客戶沒有特定的需求，也不會託付棘手的任務。由於提供相同服務的競爭對手不計其數，價格成為顧客最終考量的因素。業者只要祭出最優惠價格就能搶到客戶。因此，這成了一門削價競爭惡性循環的生意。

這類顧客無可置疑是愛用者，但不會成為忠實客戶。只要發現了另一家提供更實惠服務的公司，他們就會棄你而去。卡森剖析公司現況、思索更遠大的未來格局，從而領悟到，如果死抱當前的營運模式，只能維持線性成長。雖然公司此前進展快速，但已逐漸觸及現行營運模式的發展上限。

公司先前快速成長的關鍵在於迅速擴充人力。如果他們想要提高營收二成，就須增添二成的團隊成員，才能因應增加的託運案和工作量。這是在現行模式下維持增長的唯一方式。他們主要為廣大的客群供應廣泛的服務，而沒有提供高附加價值的服務和利基型服務，於是只能維持線性成長。

卡森也考量了高風險貨運顧客，進而認清他們雖然僅占總體客戶五％，但貢獻給公司的利潤達到總利潤的一五％。這類顧客對川流物流有高度評價、使用最高價位的服務，而且委託給公司和團隊最令人振奮的工作。

高風險貨運客群的需求高度複雜、特定且深具挑戰性。這些特殊的顧客要求一切完美——

必須以正確的方式、準確的時刻把貨物送達確切的指定地點。假如川流物流公司不能百分之百做到，將面臨高風險的後果。有時，這類客戶需要五輛以上的大型貨櫃拖車，貨物運輸過程還要有警車護送。這樣的重責大任難免具有風險而令人忐忑難安。

卡森心想，倘若公司未來轉變為專門服務高風險貨運客群，將能開創獨一無二的特有事業。他也明白，服務這類顧客所獲利潤不均勻且非線性成長，這意味著只要多付出五%的努力，即可多得到一五%甚至於更高的報酬。公司每投注一美元資金，將能獲取三美元或是更多回報。而投入的每一分鐘時間都將有五分鐘的價值。卡森因此相信，專注於服務高風險貨運客群，將能促成公司利潤達到指數型成長。

他提出了全面專注於服務高風險貨運客戶的構想，而且建議不再增加任何日常貨運顧客。他的團隊起初對這個提案抱持抗拒態度。雖然他們認為卡森的說明確實有道理，也明白高風險貨運客群平均消費極高、帶給公司很多利潤，而且其託運案使團隊士氣高昂，但他們同時也覺得，放棄九成五的顧客和來自他們的八成五的利潤，猶如破釜沉舟。

銷售代表們尤其難以接受卡森的想法，畢竟專注於高風險貨運客群將使他們的目標客戶名單大幅縮減，積極的潛在顧客將從大約三、四百名，驟減到可能僅剩三、四十名。銷售代表們縱然了解，每位高風險貨運客戶都能帶給公司更多收益，卻想不通能夠如何務實地憑少數潛在顧客來維持生計。

川流物流團隊花了半年時間才全然接受卡森的構想、贊同全面轉變成專為高風險貨運客群提供服務的公司。在最初幾個月裡，卡森逮到了一些銷售代表持續電訪潛在的日常貨運顧客、試圖拉到更多生意。他往往以鼓勵的方式讓他們停止這種做法、專注於開發高風險貨運客戶。

在他們聚焦於潛在的高風險貨運客群之後，發生了一些事情。首先，整個團隊體認到，這類客戶實際上遠多過他們最初推測的數量，而且此客群的特定需求也遠比他們起先認知的更加複雜。當銷售代表爭取到愈來愈多高風險貨運客戶，他們終於領悟到品質的力量勝過追求數量。他們從日常貨運顧客獲得的利潤是每件託運案二百六十到二百八十美元，而自高風險貨運客戶賺到的利潤則是每件逾七百美元，有時甚至多了好幾倍。

在二〇一九年，川流物流公司的客戶九成五是日常貨運顧客。在二〇二二年十月我們寫作本書之際，他們的日常貨運客戶已少於二五％。在兩年半間，他們沒再開發新的日常貨運顧客，也不試圖留住既有的這類客戶。川流物流公司二〇一九年的年度營收為二千二百萬美元；到了二〇二二年，年度營收已逾三千六百萬美元。更重要的是，公司在不須增聘任何新團隊成員的情況下，利潤已超越二〇一九年時四倍。員工仍維持在四十人左右。

由於專注於高風險貨運客群，團隊的力量不再分散，也不再受到束縛。據卡森指出，他們能夠不招聘新人、以現有的團隊再創造出五〇％到一〇〇％的利潤率。他表示，「團隊已經轉換心態，我們講求品質更勝於注重數量。」

更高的品質，更少的數量。十倍成長思維的關鍵在於質而非量，其注重的是別開生面和更上層樓，而不是求取更多。你愈有能力另闢蹊徑、開發獨特客群並日益精進，你的一切努力能創造的收益就愈豐厚。

川流物流公司在短短兩年半之間客戶大減，但營收卻增加將近二倍，利潤更大增近四倍。此外，採用新營運模式和轉換事業焦點，擴展了公司未來發展空間，使得員工對前途滿懷憧憬。回顧二〇一九年，川流物流當時仰賴日常貨運顧客獲利，團隊也日漸安於現狀，他們駕輕就熟地處理著常態任務，沒有遇到太多工作上的挑戰。然而隨著公司轉變成專注於高風險貨運客群，營運團隊面臨了諸多考驗，並且重新開始學習和成長。

研究顯示，為進入心流和啟動高績效狀態，我們必須滿足三個要件：

一、設定明確且具體的各項目標；

二、獲得立即的回饋；

三、應對一切超越現有技能水準的挑戰。[12,13,14,15]

極限運動界，例如：攀岩、摩托車越野賽、單板滑雪等，對於「心流」的研究頗為透徹，當中一個原因是這些活動都具有「高度風險」。這類極限運動失敗的後果不但會立即顯現，有時甚至可能導致死亡。運動員們不屈不撓地尋求突破公認的「可能的」極限，其挑戰與既有技能之間的不平衡，達到瘋狂的程度。

儘管川流物流團隊的規模維持不變，整體素質卻今非昔比，遠優於兩年半以前的水準。正如我們不能把米開朗基羅的大力士雕像和他的傑作《聖殤》相提並論。二者在品質、焦點和深度等層面都大相逕庭。

自從團隊全面自主管理、持之以恆地進化、達到十倍改善，以及更具體地提升客服品質，川流物流公司接連不斷地推陳出新。他們堅定不移地探索客戶的形形色色需求，並且以創新的方式投注資源、提供給高風險貨運客群獨一無二的頂級服務。舉例來說：運送模組化住宅構件等大型貨物是一大挑戰，必須動用一些容量夠大的貨櫃拖車來執行任務。於是，卡森的團隊訂購了七十五輛新造的大型貨櫃拖車，從而突破公司在這方面的侷限，有能力提供更多獨特且富價值的服務。

十倍成長思維使事情得以簡化；二倍成長思維使事情持續複雜和陷於混亂狀態。當你設定十倍目標，你既有的客戶與種種關係八成將成為達標障礙，而且你當前的行動、習慣與心態也將阻撓你如願以償。

放棄這八成的客戶與各式關係絕非易事，因為它們屬於你的舒適圈，如果你只尋求二倍成長，大可維持舒適圈裡這八成客戶和人際圈。你只須小心翼翼地做出些微調整。若捨棄這八成客戶與人際圈，就如同扼殺所愛那般極端。誠如詹姆．柯林斯（Jim Collins）在《從A到A+》（*Good to Great*）一書中所言：

「優良是卓越的仇敵……從優良進化到卓越的公司基本上並非專注於達到卓越該做的事；而是均衡地聚焦於不做什麼、該停下什麼正進行的事……倘若你的手臂發現惡性腫瘤，要有膽識接受截肢。」[16]

一旦你確定自己亟欲達成的十倍躍進，將能迅速地分辨二成的關鍵要務和八成無關宏旨的瑣事。當你排除了八成的雜務，將可活化和加速十倍成長過程。全心全意投入二成的根本要務將使自我與人生漸入佳境、更形單純和更加振奮人心。

請你想一想：

- 專注於哪些關鍵要務有助於創造十倍成長的價值與影響力？
- 哪些核心要務和共事者最能幫你獲致成功和提振士氣？
- 哪些無關宏旨的事物最終將阻礙未來的大躍進？

如何持續十倍成長，以及開創愈來愈多自由

「二倍目標涉及延續當前的做事方法，只是必須做得更多。而十倍目標能使你超脫現行方法的框限。十倍目標的關鍵是免除二倍目標承受的種種壓力和複雜狀況，以別出心裁的方法達標。」——丹．蘇利文[17]

琳達．麥奇塞（Linda McKissack）和丈夫吉米於婚後一年，在一九八三年借貸一筆巨款開設一家類似Dave and Busters結合家庭用餐與遊戲場所的餐廳。吉米累積近十年餐飲業工作經驗，自認為能夠獨立闖出一片天地。然而，餐飲業市場在一年之後崩盤，他們夫婦的事業終遭拖跨。

他們被迫以低於未償還貸款六十萬美元的售價賣掉餐廳，一夕之間從身無分文變成負債六十萬美元。當時二十歲出頭的琳達絲毫沒有做生意的經驗。她甚至不了解「經濟」這個名詞的意思。但她明白家庭陷入了嚴峻的財務困境。吉米夜難安寢，而她自己也深感壓力沉重。

吉米告訴她，「我不想上床睡覺，因為入睡後很快就會天亮，到時銀行會來電催繳貸款。」

吉米內心變得非常脆弱，並且向琳達坦白承認，「我需要妳的協助。」

「你知道我是個賣力工作的人。我的家人都不能滿足於只打一份工，我們總是擁有兩份工作。」琳達回答道。

「很久以前曾有一位導師告訴我，倘若你渴想財源廣進，可以投入房地產行業。」吉米說。

琳達和她的家人從未擁有過自己的住宅。「我甚至不知道房地產是什麼。怎能進入房地產業界？」她問說。

「妳需要大學學分，也必須接受資格認證考試以取得從業證照。」吉米告訴琳達。

於是琳達著手去做。她努力取得了房地產代理人證照，並且如願進入房地產業服務。最初，她的起步緩慢而且所得微薄，從業第一年的總收入僅三千美元。吉米稱為「實質總收益」。到了一九八六年，琳達已有兩年房地產代理人年資，她開始參與加州的房地產研討會。一些房地產事業經營者的演說令她大開眼界。她持續出席研討會、開拓自己的心態、擴大人際圈和接受培訓，從而在一年內促成了約三十筆房地產交易，並且有四萬美元的佣金進帳。

她在研討會聆聽成功的房地產代理人發言時察覺到，大城市的頂尖仲介都擁有數名個人助理。這引發了她的好奇心，因為在她居住的城市沒有任何房仲聘用個人助理。參加研討會不到一年，她就首開先例、成為所在城市第一位聘用個人助理的房地產代理人。她興奮不已但同時也提心吊膽。雖然事業欣欣向榮，但她不確定能否付得起助理每週三百五十美元的薪資。

琳達很快就因不須親自處理一切細節，而感受到難以置信的自由。她一向討厭也很不擅長處理枝微末節的事情。如今，她把所有文書工作、後勤支援與行程安排都交給助理代勞。琳達每週實質多出數十小時的自由時間，而且擺脫了八成耗盡她的精力卻無關緊要的事物。她因而能夠滿懷熱情地全然致力於二成的根本要務，也就是直接與求售房屋或想要購屋的人打交道。

她興高采烈且高度投入，這是一些心理因素帶來的結果。首先，琳達因為雇用個人助理，必須設法增加收入好自信地支付助理薪水。需求為發明之母。供給始終是需求的必然結果，當我們對於「原因」的探索足夠強烈時，將能發現「何以致之」。

丹．蘇利文常說，「**直到你決心投入之後，事情才會發生**。」

唯有獻身投入之後，才能感受到切身需求，從而找出問題的解決方案，或是開創出達到更高生產力的途徑。這正是我研究「不歸點」這個課題發現的道理。[18] 當一個人意識到破釜沉舟的時刻已經來臨——這通常涉及金融投資——其專注力、動機和洞見將一飛沖天。誠如我做研究訪談時一位創業家所說，「我感覺自己彷彿變成了《駭客任務》（*The Matrix*）裡能夠躲避子彈的尼歐。」

本章先前提及關於與日俱增的希望研究，也可佐證這位創業家的說法合情合理。[19,20,21,22] 想要的核心層面是路徑思考[23]，這意味著滿懷心願的人將堅定不移地調整行動步驟，直到最終找到和開創出達標之道，而且即使陷入最嚴峻的處境，仍將不屈不撓。[24]

再者，琳達經由雇用個人助理和決心投入獲得了第二項提升，那就是她擁有了解放的心靈和自由的時間來專注於使她振奮的二成關鍵要務。她在心理學家所稱的「決策疲勞」（decision fatigue）[25,26,27] 問題上得到極大的紓解。決策疲勞會在我們做了過多決策和經常切換任務時發生。而藉由每天把數百甚至數千個小決定和小任務交給助理，例如：回覆電郵、草擬合約、搜尋特定資訊、接聽電話等，琳達的心神得以鬆弛，專注力也大幅提升。

聘雇助理不但讓她從耗盡每日精力、意志力和專注力的無數瑣事中解放出來，更使她得以在鼓舞人心的少數關鍵領域超群絕倫，並且擺脫以往日理萬機對心理層面造成的衝擊。雇用個人助理不到一年，琳達的收入快速倍增。

當琳達的房地產事業迅速擴展之後，她的首位助理最終難以負荷一切雜務。於是琳達分攤了助理的部份工作，並且讓她選擇自己喜愛做的事情。然後，琳達聘僱了第二位助理來處理其他瑣事。在第二位助理加入工作行列的隔年，琳達的收益再度大增。她跟我說：「每回我們增聘一位助理，翌年的交易就會倍增。」

她持續參與研討會並進一步發現，有些頂尖的房地產代理人甚至聘用其他代理人來處理自己不樂意做的生意。琳達不愛應對買家，但喜愛為新房地產託售案的賣方促成交易，於是她決心成為一流的賣家代理人，並且聘請買方代理人來應對買家。

琳達表示，「做賣方的生意可借助一切的槓桿作用，因為我經手的所有求售房屋都可以在一天裡成交。然而做買方代理人，一次只能成交一筆買賣。所以，成為頂級的房地產賣方代理人使我擁有大量的籌碼。」

她雇用了一位房地產買方代理人，並且把所有找上她的買家轉介給這位代理人，然後雙方均分房仲佣金。這大舉減輕了琳達的工作負擔，因為她先前大部分時間都用於應對買家。如今她每週又多出數十小時自由時間。

琳達先後聘用兩位助理，使自己得以從八成的瑣碎細節裡解脫出來，這推動了她的第一次大躍進。接著她聘雇買方代理人，使自己能夠擺脫八成的買方代理業務，從而專注於二成的賣方代理工作，這促成了她的第二次大躍進。藉由聚焦於二成更優質的求售房地產，她的事業蒸蒸日上，最終又另聘了一位買方代理人。她還雇用了一名行銷專員來幫她進一步拓展業務。

琳達獲致十倍成長的關鍵在於，漸進地善用人力資源，而非親身應用知識和方法。[28] 她沒有困在自己不愛做的八成雜務裡，而是投資於聘人處理這些瑣事，以及組織和管理與日俱增的業務。我在此建議大家閱讀或重讀丹・蘇利文與我合著的《成功者的互利方程式》。在這本書裡，我們提出了實現十倍成長必須掌握的基本原則。自己埋首於無盡的商業知識和方法裡並無助於你達到十倍成長。

培養十倍成長的關鍵是人才而非知識與方法。當琳達的團隊擁有了更多更優秀的人才且琳達日趨專注於令人振奮的二成核心要務時，她的房地產事業開始突飛猛進。她領導著這個強大的團隊堅持不懈地擴展自己的願景。她注資於行銷和打造品牌，並且成為在地家喻戶曉的房地產代理人。到了一九九二年，琳達已是所在城市首屈一指的房地產代理人。她的事業自一九八六年啟動以來，已經遠遠超越十倍成長。她的佣金收入已逾五十萬美元。

儘管事業迅速成長，琳達開始對所屬房仲公司感到不滿。公司不但分走她二成的收入（如今已逾十萬美元），還持續不斷地阻撓她達到想要的目標。琳達亟欲獨霸所在城市的房地產仲介市場。她期望每個人提起房地產時都能想到她。但公司不讓她使用自己的電話號碼來行銷，也不許她將自己的名字印在房地產求售廣告看板上。

她所屬仲介公司堅持二倍成長思維、受限於既往的做事方法。令人啼笑皆非的是，房仲公司覺得琳達的十倍成長思維對現狀構成威脅，意圖迫使她安於現況，更竭盡所能妨礙她創新和拓展事業。

對於受制於二倍成長思維的組織或產業來說，像琳達這樣具有十倍成長思維的內部成員就像是「定額破壞者」（Rate-Buster）。[29,30] 這個名詞原本指稱工廠裡產量大幅超越既定標準的論件計酬工人，他們會造成其他工人憂心資方因而降低計件工資，或是調高產量上的要求，因而招致其他工人訴諸極端的對立行為。由於定額破壞者將使其他工人相形見絀，也可能促成新的生產標準和規範，因此他們往往會遭到排擠。定額破壞者會使周遭抱持二倍成長思維的人坐立難安。

為何他們必須達到如此高的標準？

為何他們總是堅持不懈地企求突破現狀？

為何他們不願意與世浮沉？

值得注意的是，儘管各組織和產業都宣稱其渴求成長，但對於能促進十倍成長的定額破壞者這類關鍵人物卻懷有戒心。當你懷抱二倍成長思維做事時，你只追求相應的目標，而不能進一步發展出更遠大的目標。當你只尋求二倍成長時，你不會渴望破壞現狀。你無意面對嚴酷的真相。你只想待在舒適圈裡，延續既有的企業文化，因循守舊、照章行事。

當琳達的房仲事業觸及二倍成長的上限時，凱勒．威廉斯（Keller Williams）房地產公司正好在全美各城市招募頂尖的房地產代理人。他們找上了琳達並提供她難以拒絕的工作機會。如果琳達跳槽到凱勒．威廉斯，公司從她拿取的佣金將有一定限額，在那時是二萬一千美元。而且凱勒．威廉斯公司鼓勵代理人力求成長，而不像琳達當時的房仲公司那樣不利於員工發展。

雖然琳達必須放棄現有原東家的五十二件房地產求售案，但她仍毅然決定投效凱勒．威廉斯公司。當時琳達貢獻給原公司的房仲佣金每年已逾十萬美元。但她確信自己加入凱勒．威廉斯公司後，很快就能賺到比失去的五十二件求售案更豐厚的佣金。出人意料的是，五十二件求售案有四十八件的賣家向琳達的老東家表示，「如果她離職，我們將跟著她一起走。」結果這些求售案都隨著琳達轉到凱勒．威廉斯公司，後來全都成功售出。

在一九九二年到一九九八年這六年期間，琳達服務的凱勒．威廉斯公司加盟店從原先沒沒無聞、無足輕重的狀態，發展成該城市一流的房仲門市。琳達也成為凱勒．威廉斯公司全美分店首屈一指的房地產代理人，每年成交的生意達二百到三百件，年收佣金超過八十萬美元。在一九九八年，琳達所屬加盟店的女店主決定轉投其他公司、不再與凱勒．威廉斯公司續約。這促使凱勒．威廉斯公司的老闆蓋瑞．凱勒（Gary Keller）直接向琳達和吉米提議：「我認為你們有潛力擁有自己的凱勒．威廉斯加盟店。」琳達的前店主將轉到二十一世紀不動產公司（Century 21），此加盟店將由新主人接手。

該加盟店易主、暫停營業數個月之後重新恢復營運，此時琳達和吉米已不再是房地產代理人，而成為這間加盟店的店主。在那時，琳達已經歷數次十倍成長：從單打獨鬥發展為聘用多名助理的房地產代理人，最後擁有自己的行銷團隊和房地產代理人。

琳達每回捨棄八成的非關鍵事物、專注於更高層次的二成根本要務，十倍躍進過程即應時而生。在每次體驗十倍成長的過程裡，琳達都延攬更有能力的人才加入團隊，同時也發揮她獨一無二的技能來增進二成的利基。

如今，她成為凱勒．威廉斯加盟店店主，再度啟動了新一輪的十倍成長。這是充滿各種新可能性的新層級躍進。在全新的商業情境與十倍成長思維中，她的二成關鍵要務是招募一流的房地產代理人，以及為自己的加盟店打造卓越文化。她從自營店所有佣金中收取報酬，而不再只是賺進自己促成的交易案佣金。她也持續做一些求售案相關工作，使自己不致與房仲業務脫節，並為自己領導的部屬樹立楷模。

琳達還投注更多時間教練房地產代理人學習最佳心態和方法，以及協助他們發展自己的事業。她日進有功，逐漸成為領導者和導師，從而吸引大批人才為其效力。她的教學卓有成效且深具實用性，因為講授的內容出自切身經驗而非空談理論。

在一九九八年到一九九九年的十八個月期間，琳達夫婦的加盟店快速成長，後來更於首家門市三十分鐘車程處開設第二間加盟店。他們成為所在城市房地產業界的「定額破壞者」，並且改變了眾多房地產代理人的認知。舉例來說：一般加盟店通常最多聘用約三十名房地產代理人，而琳達破除了代理人愈多競爭愈激烈、每人成長空間愈有限的迷思，使大家明白加盟店規模愈大，代理人愈能獲得更優良的培訓和資源。他們從而領悟到這不是一場零和賽局。成功是靠人創造出來的。琳達的熱情、變革型領導方法和她建構的文化，引來數十位新進代理人和一流人才投身她的旗下。

琳達於一九九九年再度接獲蓋瑞・凱勒來電告知，公司在俄亥俄、印第安納和肯塔基三個州有機會啟動新的地區業務，而琳達具備掌理整個地區的實力，屆時旗下將擁有數十處房地產仲介辦公室。琳達若執掌新地區業務，將升格為蓋瑞・凱勒的直接合作夥伴、與蓋瑞平分整個地區每筆房地產交易的報酬。這是琳達下一個十倍成長機會。

然而，她必須時常搭機前往俄亥俄、肯塔基和印第安納州，去招募新的加盟店店主，然後幫助他們聘用可靠的房地產代理人、啟動新仲介辦公室的運作。她理當放下先前的二成根本要務，因為對於下一次十倍躍進來說，那些已屬於八成的細枝末節。她聘請連襟布雷德助她一臂之力。布雷德曾在多家公司擔任銷售經理且成果斐然，他也渴望在房地產業界闖出一片天地。

琳達告訴布雷德，「嘿，你加入我的團隊，幫我經營公司吧。我們將支付你薪資外加獎金，還有依據成長比率的分紅。這樣我就能騰出時間搭機去俄亥俄、肯塔基和印第安納州開展新業務。」在接下來八個月期間，布雷德與琳達形影不離，跟著她學習不動產登記入冊、完成交易、延攬人才、建構辦公室文化等一切事務。

他們也一起努力轉變琳達現有客戶的心態，使其能夠自在地與布雷德打交道，而不再直接找琳達。顧客們稱布雷德為琳達的「賣方代理人夥伴」。起初，有一些琳達的客戶對於和她以外的人合作憂心忡忡。但隨著時間推移，他們感受到布雷德提供的服務與琳達毫無二致，因而不再有所顧慮。

不論是在房地產公司或是任何其他企業，人們普遍相信自己的工作是其他人做不來的，這是「成事在人而不在於知識與方法」這個準則的最重大障礙，許多人都曾在這方面跌跌撞撞。人們往往也認為客戶需要自己，也唯有自己能提供顧客企求的服務。這類迷思源自於恐懼和無知。只要實際檢驗此種想法，放手讓旗下人才代勞、使他們擁有全盤的知識，便能重新訓練自己和客戶，以更超然的觀點來看待你和你的工作。重要的是最終結果。隨著時移勢轉，企求十倍成長思維的客戶將樂見你不斷進化和成長，而持守二倍成長思維的顧客將深感困擾、棄你而去，因為你傾向於破壞現狀、將他們推出舒適圈。

琳達於二〇〇〇年初把公司全面交給布雷德掌理，並且著手把大部分時間投注於俄亥俄、肯塔基與印第安那州的新地區業務。最初，琳達因支付給布雷德大筆薪酬，面臨了財務緊縮的境況。據她指出，「為了邁步向前，我必須退一步思考問題。」

聘人處理八成的瑣事並非一項成本，而是對自己和事業的大手筆投資。在追求十倍成長的過程中，把這視為負擔不起的成本而非投資，將對貫徹成事在人、找人不找方法的準則構成另一重大障礙。我們應把它看成投資，因為我們將能騰出更多時間來專注於二成關鍵要務，從而獲得非線性的報酬。

這也是對我們自身的投資，因為失去新意的八成事情將由喜好做這些事的人來完成。那些事將在不須我們操心的情況下獲得妥善處理。對琳達來說，要在新地區找到第一個加盟店主是件棘手的事情。她耗費三年才促成俄亥俄州第一間加盟店展開運作。在這三年期間，她全然專注於發掘和招募合適的人才。她首先在俄亥俄州哥倫布這個首選城市開設系列課程和舉辦研討會，更撥打無數電話聯繫頂尖的房地產代理人，努力使其領會她的願景和洞悉各種可能性。她也與哥倫布市所有大型放款機構洽談，藉以掌握信用最佳的大客戶。

在這三年裡，琳達未曾直接從各項付出中獲得報酬，事實上她還把自己的大部分收入投注於啟動首間加盟店。她深知這是值得注資的大好機會，而且確信只要堅持不懈，將可獲得十倍或百倍的長期投資回報。她明白，要像先前那樣晉升到更高的等級，必須日益精進自我和各項能力。她理應在新的二成核心要務上精益求精。琳達經由十倍躍進徹底改造自己，她也因此無比振奮。這是她人生的目標。每回她達到十倍成長，便擁有更優質且更充裕的時間、金錢、人際圈和整體目標。

終於找到第一個加盟店主之後，她幫忙招募了頂尖的房地產代理人。此後她的主要角色轉變為單純給予新店主奧援和鼓勵，因為新店主有很大的財務誘因促其成功獲得投資回報和持續成長。尋得首位加盟店主之後，琳達愈來愈能明快地找到合宜的夥伴來開展更多加盟店。在哥倫布市啟動三間加盟店後，琳達轉進印第安納波利斯市，接著又前往戴頓市展店。她循序漸進地在新地區各城市開設更多加盟店，並且創辦了許多房仲辦公室。

她的二成關鍵要務在於招攬適宜的加盟夥伴，以及激勵他們積極進取及穩步成長。她也為全體加盟店主提供後續培訓和支援，協助他們克服種種挑戰、挫折和障礙，並且持之以恆地提升心態，從而領悟自己可能成為什麼樣的人、能有什麼作為。

到了二〇一一年，琳達聘用了一個地區團隊接替她的工作：持續尋覓人才好開展更多加盟店。此後，琳達的二成關鍵要務轉變為堅定地增進領導力，以及訓練其地區團隊，使其成員來日成為更優秀的領導者。琳達像米開朗基羅那樣不屈不撓地渴求十倍躍進。至關緊要的是，雖然每個人的十倍目標各有千秋，但十倍成長的各項核心原則和過程始終如一。

通過每次十倍成長思維，你對二成的核心要務精通的程度將達到世界一流的水準。你將能憑藉自己開創的自由和成果發揮槓桿作用，再創另一次難以置信的十倍躍進。每回拋開八成瑣事、全心全意專注於新的二成根本要務，你將成為更優異的專家、創新者和領導人。當你隨著時間推移完成了足夠的十倍躍進，將日漸具備統御其他領導者的能力。你將能直接影響關鍵少數人物，而且你的全面影響力將呈現指數型增長。

在二〇二二年我們寫作本書期間，琳達的事業已經拓展到跨越兩個地區，共計有二十八處房地產辦公室，為她效力的活躍房地產代理人逾五千名。對於一九九九年交棒給布雷德，以及後來將地區領導權移交給區域團隊，琳達指出，「藉由這些放手的作為，以及全力以赴開發與促進地區業務的決心，我在二〇二一年擁有了一個年收超過一百四十億美元的組織。」

她成為各地區加盟店的共同業主，並且從各店促成的所有交易中獲取一部分收益。相較於琳達入行第一年的三千美元薪酬，一百四十億美元何其龐大！

自啟動房仲職涯以來，琳達已經歷六次以上的總收入十倍成長。在每次十倍躍進過程，最初的關鍵是個人內在質變，以提升更加遠大的願景和未來認同。然後，她的專注力和策略隨之發生優質的、非線性的複雜轉變，她聚焦於新的二成關鍵要務，並且放手八成無關緊要的瑣事。

起初，她的二成核心要務是成為房地產代理人，以及放棄一邊在丈夫的餐廳幫忙，一邊到大學修課。接著，她的第一要務聚焦於成為更優秀且經驗老到的代理人，以及放下瑣碎的行政作業。然後，她又接連拋開直接與買家打交道的業務、賣家代理人的工作，以及建構和領導加盟店的事業。如今，她甚至不再親自招募和直接支援新的加盟夥伴。她擔任一手建立的各地區加盟店的共同業主，從各店促成的所有交易獲取一部分佣金，而且其事業收益已逾一百四十億美元！

她個人的年收一再達到十倍成長，從四位數一路增加到五位數、六位數，如今更高達七位數。此外，她這些年來的資產淨值總額也數度十倍增長。在過去三十年間，琳達與吉米除了在房仲業界打拼，也自己投資房地產，當中包括一些辦公大樓。如今她的資產淨值總額已達到九位數。

琳達遵循十倍成長思維原則不斷實現十倍躍進。她將自己的願景提升和擴展到看似不可能實現的等級。她專注於最核心的二成關鍵要務，並且排除掉八成只會使她停滯不前的瑣事。她不屈不撓，而且迄今仍堅持不懈。**每回的十倍成長都是前一次十倍成長的非線性躍進**。每次的十倍躍進都使琳達徹底轉變並且出現引人注目的進化，這使得她擁有了更專門且獨一無二的能力和無與倫比的智慧。再者，每回十倍成長都使她的時間、財富、人際圈與目標這四大層面的自由，顯著地擴增且日益優質。

我們曾請她閱讀本書未經潤飾的初稿，據她指出：

「當我讀完書稿，我看清了自己整個人生的發展軌跡，我不禁嘆道『天啊！』我自己都難以想像發生了什麼事情！你們的詮釋十分合情合理，要達到二倍成長的確更加困難。我總是告訴旗下代理人，『為何不放下你不得不做的事，去追求更遠大的目標？』然而，房地產代理人尤其只想維持現狀。他們的心態過度受到限制……這本書說得太好了。其他書都沒能真正地闡明十倍成長的基本途徑。它們只是空談理論。而十倍成長思維是個很難理解的概念。我得承認，這是一個令我和其他人都難以領會的概念。在房地產業界，從業者老是說，『天啊，二倍成長已經夠難了，你還要求我達到十倍成長？』所以，他們認為，『你未免太強人所難了。』他們不了解十倍成長思維是截然不同的事情。二倍成長只是十倍成長的啟動平台。十倍成長思維要求你去做與先前大相逕庭的事情，你必須放手那些習以為常的事，轉而全心全意專注於更遠大的目標。」

這些話完全切中要點。

在本書寫成之前，確實未曾有人用如此清晰和精確的文字闡明過十倍成長思維的精髓。在本書的每個章節裡，讀者們將學習達到最簡明、可一再重複操作的十倍成長的行動步驟。

你將獲得知識和工具，用以持之以恆地理清和擴展所渴想的十倍躍進。你也將學會始終如一地專注於二成關鍵要務的方法。你將領會如何堅定不移地排除八成無關宏旨的瑣事，以及欣然接受更高層次的個人自由，從而成為更強大且獨一無二的人。

本章重點

- 看似不可能實現的目標其實比可能落實的目標更實際可行，因為難以實現的目標會迫使你超越既有的知識水準和各種假設。
- 創造十倍成長的途徑如鳳毛麟角。通過切切實實的省思，你的十倍成長目標將凸顯出各項珍稀的行動步驟——高效的槓桿策略和種種極其有利的人際圈。
- 十倍目標有助於你明確辨識，能為人生帶來最豐碩成果的二成關鍵的人與事，以及認清八成導致人生停滯不前的人和事。
- 追求二倍成長意味著你可以維持八成的現有客戶、角色功能、各式行為和心態。

你只須進行一些必要的微調。

- 企求十倍成長意味著你必須放棄八成的現有客戶、角色功能、各式行為與心態。十倍成長要求我們及身邊所有人與事實現全面的徹底轉化。
- 二倍成長是線性的——我們必須更加努力方能持續成長。它要求的是埋頭苦幹而非更聰明的做事方式。它注重數量——你只是做更多已經在做的事情，而不去顧慮品質、獨特性或是轉化。
- 十倍成長是非線性的——它不要求我們更勤奮地工作，而且往往期許我們不要做那麼多事情、改用更優異的方法做事。它專注於品質——你必須提升願景，並按部就班為特定的人們徹底轉化一切作為的價值和影響力。
- 每回十倍躍進，都是經由摒除八成非關鍵事物，和更深入地專注於二成關鍵要務。捨棄八成瑣事涉及聘人代你處理這些雜務，以使千篇一律的事物井然有序，如此你將有餘裕推陳出新。
- 每次你放下八成的細枝末節、全心全意專注於二成關鍵要務以謀求十倍成長，你的時間、財富、人際圈和目標自由的質與量將顯著提升。
- 若需要額外的資源來達到下一階段的十倍躍進，請造訪 www. 10xeasierbook.com網站。

若想凡事品質躍進十倍，務必擺脫二倍成長思維，堅持不懈地專精你的優勢

「從你做任何事情的方法，可以看出你如何做一切事情。」

——出自馬莎・貝克（Martha Beck）[1]

查德・維拉德森（Chad Willardson）二十四歲自大學畢業後不久，參與了美林集團投資顧問培育計畫。他是南加州百位受訓學員之一，而僅有二分之一參訓者能成功結訓。

從學員們的成長曲線可以看出，訓練過程既嚴格又激烈。培訓計畫的目的在於教練抱負不凡的新進理財顧問，如何投資和吸引新客戶，以及在十八個月內，具備管理一千五百萬美元資金的能力。任何人若未能通過所有資格認證、跨越管理一千五百萬美元資金的門檻，將被踢出培育計畫而得不到工作。

不過，受訓學員都是年輕人，多數投資人偏愛經驗老到的理財顧問。誰會樂意讓經驗不足的新手管理他們的資金呢？

在培訓初期，查德告訴美林集團的教練和其他資深顧問，他的目標是只服務資金逾十萬美元的客戶。教練回答說，初學者實在不可能說服客戶投資十萬美元。沒有人願意把這麼多的錢託付給年輕人。查德寧願專注於自訂而非他人設定的標準，他堅持不為任何資金少於十萬美元的客戶提供服務。接下來數個月期間，他每天都在破曉前率先進辦公室，而且最晚離開。

他努力學習並且接連通過數項重大的測驗和資格認證考試。他不屈不撓地聯繫該地區無數企業主以建立人際網絡。他研讀許多商業、財務管理和個人發展領域的書籍。當其他受訓者與投資顧問們夜間和週末在酒吧飲酒作樂時，查德仍堅持不懈地力爭上游。

在最初半年他每天打數百通電話爭取客戶，然而屢屢鎩羽而歸，以致一事無成。他沒能拉到任何新客戶。受訓滿半年之後，查德意外接獲一位先前電訪過的男士來電。對方已準備退休，想要開一個退休投資帳戶，資金有六十多萬美元。

這位屆退人士還記得與自己積極電話交談的查德，以及查德後續的頻繁電訪，於是決定找查德擔任他的理財顧問。於是，查德的首位客戶擁有逾六十萬美元資金，比教練說的不可能達到的十萬美元標準高出六倍。這使他信心大振並且決意堅持到底。接下來數個月裡，查德又爭取到多名資金逾十萬美元的投資人。在受訓滿一年之後不久，他進一步把客戶最低資金門檻從十萬美元提高到二十五萬美元。

此後，他不再服務任何資金少於二十五萬美元的投資人。他專注於贏得目標客戶，也精通如何為符合標準的對象管理財富。在二〇〇五年完成十八個月的培育計畫之後，查德管理的資金達到三千萬美元，比訓練計畫設定的一千五百萬美元過關標準高出二倍。

接下來七年期間，查德管理的資金增加二億八千萬美元，成為美林集團最頂尖的二％理財顧問，同時也是成長最快速的投資顧問之一。當時，摩根士丹利、高盛與瑞銀都爭相延攬查德，並且提供逾四百萬美元現金做為簽約獎金！

然而，查德意識到，包括美林集團在內的這些金融機構，都不能確保他未來能持續為富裕企業家提供投顧服務。查德擅長洞察和支援企業家客群，並且發展出獨一無二的能力藉以達到引人矚目的十倍成長。他企求使自己的優勢十倍躍進，也渴望服務更高層級、更具挑戰性的客戶。他深知，以高標準的服務品質為更高等級客群理財的唯一方法是，創辦自營的受託人財務顧問公司，提供給客戶各式各樣的選項和解決方案。

在美林集團任職九年後，查德已成為業界精英，此時他鼓足勇氣，決心讓一切歸零、另起爐灶。他毅然放棄了頗有威望但已達不到十倍成長的舒適職位。查德於二〇一一年創立太平洋資本公司（Pacific Capital），專門為身價至少數百萬美元的高成長企業家提供服務。

他更加致力於利基市場，而且就服務對象和協助客戶的方式設定了明確的標準。他自成一家，注重品質而非數量。為了提供給客戶最優質且最細緻入微的投資奧援，他不能廣泛撒網，而須辨認特定服務對象，以別出心裁的方法為其創造十倍價值。在太平洋資本公司開設投資帳戶的最低資金門檻是一百萬美元。

遠大的目標形塑了查德專精的事物。他必須徹底地與此前的二成關鍵要務分道揚鑣，以及確認更加具體的、有助於新一輪十倍躍進的二成關鍵要務。與其打電話攬客、主持研討會，他寧願進軍成功創業家的網絡，以及善用自己在業界的聲譽充分發揮槓桿作用。

在二〇一二年到二〇一七年之間，查德從起步一路躍進至有能力管理逾三億美元資金。在我們寫作本書之際，查德個人管理的資金已超過十億美元，而且他依然嚴格地專注於服務那些資金達八位數、九位數的企業家。他始終堅定不移地提高最低標準，以及相應地提升自我和其價值，從而屢屢締造十倍成長。

他於二〇二一年將開戶最低資金門檻，從一百萬美元調高到二百五十萬美元；接著在二〇二二年，新客戶最低資金標準上調至五百萬美元；到了二〇二三年，開戶最低資金門檻已提高到一千萬美元。在這個專注於不斷優化的過程中，他的目標愈來愈清晰明確。查德不屈不撓地排除八成非關鍵事物，從而達成看似不可能實現的目標。

他不僅調高新客戶投資金額標準，也努力提升自己的能力。他逐年減少服務的對象，然而每位客戶的價值都比先前所有客戶的平均價值高十倍。此外，就服務的獨特性和精準度來說，查德提供給巨鯨級客群的價值和造成的影響，遠超越他帶給更廣泛的客戶的價值和影響。他深明，企求更多成就不必然要做得更多。

查德平步青雲和擁有十倍成長的一個關鍵在於延續氣勢，這點和前章提到的琳達有異曲同工之妙。查德與多數理財顧問迥然有別，他本身是一位創業家，而且擁有多家公司、勇於冒險和投資。他綿延不絕地達成十倍躍進，連首屈一指的客戶也努力跟隨他提升生活形態與財務標準。他以身作則，而不是提供一成不變的廣泛理論或產品。

他始終努力琢磨如何大躍進。在十倍成長與進化的過程中，他聘用全職的執行助理和一個龐大的理財專家團隊，為自己和客戶提供奧援。執行助理幫他處理所有的電子郵件、行程安排、電話聯繫，以及其事業和個人生活一切後勤層面的大小事。太平洋資本公司的專家團隊則接掌所有與客戶的會議、日常營運、投資管理，以及為客戶規畫理財策略。

查德曾經每年在辦公室超時工作逾二百天。如今，他甚至沒在太平洋資本公司大樓設置辦公室。他每年進公司的時間總計大約三十天，這些時間都用來和團隊建立連結、分享願景，以及提供任何派得上用場的支援。他昔日實際上把時間用於數十種不同的任務和活動。現今他僅投注時間於有限的關鍵要務，其獨到能力無人能及。他服務的客戶人數減少了，但服務的品質日益提升。

儘管事情變少，他的生產力，也就是實質的成果卻突飛猛進。在工作量減少之際，他的事業幾乎每年擴展二倍。他於過去三年間還出版了三本著作，而且這幾年來休假的天數遠超越先前數十年的總和。

十倍力專家葛瑞格．麥基昂（Greg McKeown）指出，「專準主義者（Essentialist）藉由排除更多雜務而非把更多瑣事攬在身上，以達到更高的生產力、造就更多成果。」[2]要獲致十倍成長，我們必須捨棄十倍成長思維過濾器篩除的一切，簡化專注的事項。每回我們尋求十倍成長，過濾器將愈來愈細緻入微，能通過篩選的事物將愈來愈少。

多數創業家未能贏得十倍成長的原因在於，他們一旦遭遇阻力即畏縮不前。當查德不再日復一日親自服務客戶，某些客戶與親友曾質疑他的決定。他們想知道查德為何不再熱中於與公司客戶之間的每一接觸點，若干長期的忠實客戶甚至因查德最初的轉變而深感困惑。他們敦促查德延續一貫的服務方式。他們不樂見查德不斷地提升標準和願景。這是因為那些客戶抱持著二倍成長思維，而不具備十倍成長思維。

弔詭的是，查德排除使他窮忙、無暇與客戶產生連結的八成瑣事之後，實際上擁有了更多自由時間。他接連不斷地擺脫八成雜務，得以專注於最能做出貢獻的二成關鍵要務——協助客戶優化願景和提升投入度，以及在他們的決心動搖時給予奧援。

具有十倍成長思維的客群認可且重視查德的進化過程，因為他們能夠感受到他帶來的成效。查德有助於這類客戶拓展自己的願景和各項標準，當他們追隨查德的示範和指引，其事業將更加成功，生活也日益愜意。

任何時候有人要求你維持現狀，動機都是出於自保。因為你的進化會威脅到他們當前的安全，而且他們對安全的需求遠超越你尋求的自由。他們起初會坐立難安。這是一般人和創業家不求十倍成長最常見的原因之一。他們明白，企求十倍成長會讓身邊的人在一段期間內難以自在。為了避免自己和親近的人惴惴不安，他們寧願選擇二倍成長，捨棄十倍成長。

在十倍成長的過程中徹底地轉化時，許多親近的人將難以充分理解我們體驗的演化進程。這個演進過程將挑戰他們認知的邏輯和現實，因此他們將對你經歷的轉變視若無睹，或全然避免直面你的改變。十倍成長思維的確與二倍成長思維相互排斥。所有重視自由更甚於安全的人都有可能達到十倍成長。經由十倍成長的過程，你的內在與外在發展都將遠超越一般人。多數人對於揚棄舊有標準和策略戒慎恐懼，尤其是那些管用的標準與策略更加如此。

那麼，查德為何能夠出類拔萃？查德展現了唯有頂尖成功人士能達到的品質，他具備明快地接受新身分的能力。

他擺脫掉昔日每天打數百通促銷電話的自己，不再為全球數一數二的金融機構充當領頭犬，也拋開時髦西裝，而且不奢求自己總能派上用場。他排除親自答覆電郵、不與客戶開會，甚至甩掉自己的辦公室。他停止將忙碌視為地位的象徵，不費心取悅二成核心客群以外的任何人。

他放手的這些事情並非壞事。事實上，其中有許多曾是查德獲致當前成就過程裡的關鍵事項。然而，為了始終如一地擴展自我和達到新階段的十倍躍進，他必須進化以超越現況，更應抱持新願景和新標準。全心全意致力於接下來的二成關鍵要務，即是欣然接受未來的十倍成長，以及徹底轉化的自我與人生。繼續埋首於八成無足輕重的瑣事，則是擁抱二倍成長思維、避免重大改變，只求維持現狀。

為了一再達到十倍成長，查德拋開使其一路走到當前位置的舊身分，欣然認同有助於再次締造十倍躍進的新身分。他專注於新的二成關鍵要務、捨棄掉八成無關宏旨的事物，讓有能力處理的人接手，或是全然汰除這些細枝末節。他依據最振奮人心的十倍成長思維標準進一步簡化生活，選定與日俱增的利基，以及必須專注和精通的二成關鍵要務。

我們的身分基本上是：

一、自身的故事或敘事；

二、自己秉持的標準或信守的承諾。[3]

身分在科學上的定義是「有條有理的自我概念，當中包含個人堅決守護的各項價值和信仰。」[4]簡而言之，身分認同就是你全心全意致力的事物，是你堅定地投入的親身故事，也是你盡心竭力持守的各項個人標準。標準即是你對自己設定的品質等級與規範。當某種標準真正確立時，你必然會下定決心力求達標。你將力圖不踰越規範或是不使自己低於最低標準，否則將無以樹立標竿。

即使可能無法達標，我們依然全心全意致力於維持自己設立的標準。舉例來說：我一位沉浸於《魔獸世界》（*World of Warcraft*）的朋友，每日投注十六個小時玩這款網路遊戲，並且成為這款線上遊戲伺服器最頂尖的玩家之一。然而他最近告訴我，他已離開所屬的線上遊戲社群。

我問他，「你為何退出？」

他回答說，「他們已不符合我的標準，我想和更認真的玩家一起玩這款遊戲。」

你可能對網路遊戲不感興趣，而我本身也並非玩家，但此處要表達的重點是，我們都有自己選定的標準。我們立下自身關切的各種標準，同時也設定我們持守的標準等級。例如：兩個同樣投身於網球運動的人，可能有一位是職業球員，而另一個是業餘愛好者，那麼職業球員對於打網球會有比業餘愛好者更高的標準。身分認同的進化方法在於提升和致力於達到特定的標準。提高各項標準和促進自我十倍成長，涉及丹·蘇利文的4C準則（The 4 C's Formula）勾勒的一個過程。4C是指：

一、投入（Commitment）；

二、勇氣（Courage）；

三、能力（Capability）；

四、信心（Confidence）。

直到你決心投入之前，什麼事情都不會發生。為了達到遠超越現有能力和信心的特定標準，須走出舒適圈和超脫既有知識範圍，因此你需要無比的勇氣。在無畏地調適自己、矢志達標的過程裡，將體驗諸多損失與挫敗，而你可以將其視為回饋、從中學習經驗教訓。經由調適與學習，你將發展出前所未有的能力和技能，而若無全心全意的投入，則無從形成這些能力和技能。堅決的投入可使你達到爐火純青的程度，然後你將對新標準習以為常。當你臻至出神入化的境界，你的信心自然水漲船高。[5]

雖然對於昔日的你來說，難以想像十倍成長後的自我和新生活，但一旦獲得十倍躍進，你將把這過程全然視為新的常態。你將具有高度的自信，將察覺和開創前所未有且日益擴大的各式機會，從而能夠重起啟動4C循環、追求下一層級的十倍躍進。

放開八成的身分認同可能使你悵然若失，包括：各式活動、處境和熟人。不再執著於過往的身分、他人看待你的方式，以及昔日的人際圈，可能使你感到失去了大部分的自我。根據展望理論（Prospect Theory），人們極其厭惡損失。[6] 我們對於虧損的畏懼和規避遠勝過我們對於收穫的企求。我們對於折損的反感主要透過三種具體的形式展現出來：

一、單純基於已經投下本錢，因而繼續對無利可圖的事物注資，換句話說，就是「沉沒成本謬誤」（sunk cost bias）[7、8]。

二、純然因為是物主而全盤檢修自己擁有、相信或創造的事物，也就是「稟賦效應」（endowment effect）[9、10、11]。

三、為了使自己和他人認為你始終如一，而持續做先前做過的事。亦即「一致性原則」（consistency principle）[12、13、14]。

這些迴避損失的策略都會造成我們極難放手八成非關鍵事物、無法割捨現今或先前的身分認同。提升自己的各項標準絕非反掌折枝的易事。維持既有的途徑、重複一直在做的事情（也就是持守二倍成長思維）無疑更加輕鬆自在。

渴求十倍成長的人生必須建立在自由的基礎之上。你選擇自己想達到的各項標準，因為那是你內在真正想要的，而且你不在乎別人的種種意見。你的身分認同靈活地進化。你逐步捨棄昔日構成自我的核心要項。

提高最低門檻需要極大的決心和勇氣，而這是你身為人的演進方式。正如查德堅持只服務至少擁有十萬美元資金的客戶那樣，你在致力於達到新標準的過程中，將經歷一段跌跌撞撞、苦苦掙扎的時期。這是4C循環過程一個著重於投入和勇氣的階段。隨著時間流逝，你的自我、知識和能力將會持續進化，直到你對這些演進習以為常。

提升自我認同與各項標準是屬於情感層面、涉及品質的事情，這也是心理彈性對十倍成長思維事關重大的一個原因。要具備心理彈性，我們必須逐漸調適原本使我們惴惴不安的各種處境和挑戰。我們理應把自己視為一個脈絡，而不是自身各種想法和情緒的內容。當你視自己為脈絡並促進自我的演進和擴展，內在的與外部的內容將同時相應轉化。[15,16]

你致力於達到自己企求的各項標準，即使這將使你短期內難以自由自在。經由欣然接受自己的種種情緒而非壓抑它們，你的身分認同將迅速地適應各項新標準，你將達到凡事包容的境地。[17,18,19,20] 你的情緒獲得進化、自我得以拓展，從而對新標準司空見慣而感到從容自在。

誠如著名的精神與情緒導師暨科學家大衛．霍金斯博士（Dr. David Hawkins）所言：

「潛意識只允許我們擁有相信自己值得享有的事物。如果我們看輕自己，那麼陷於貧窮也是理所當然。而且我們的潛意識將確保這成為事實。」[21]

要確立新標準，你必須對八成不再切合時宜的事物說「不」。你樂於拒斥它們，然後學習如何符合新標準，直到你的能力與信心達標。舉例來說：假如你是專業演說家、每場演說收取二萬五千美元費用，試著把最低收費調高到五萬美元，然後觀察將發生什麼事情。在接下來幾個月期間，十二位邀請你演講的人裡可能只有一位能接受新的收費標準。因此你的新標準僅有十二分之一獲得認可的機會，而唯一同意新標準的人對你的身分認同和信心的價值，勝過十二個只接受原費用者十倍以上，儘管你在短期內將錯失大筆收益機會。

隨著時移勢轉，新標準將成為不足為奇的事——首先這會反映於你的內在情感，然後將呈現於你外在的聲譽、市場定位和精湛的演說技能等。這個過程將訓練外在世界以全新的觀點來看待你。各項新標準成為你運作上的內在過濾器，與其協調一致的人們將領會怎麼與你共事及協作。

當你領略了查德的故事，以及對於如何提升自己的最低標準、擺脫二倍成長思維有了全新的了解，接下來的內容將深化你對新等級十倍過程的應用認知。下一個等級的應用著重於增進你一切作為的品質，和減少工作量。從你做任何事情的方法，可以看出你將如何做一切事情。

請你想一想：

- 你對自己設定了哪些標準？
- 這些標準是出於你自己的選擇，或是採納了外在的各種規範？
- 哪些是你專注和致力於達到的、自主設定的最低標準？
- 如果你大幅提高各項標準，將會發生什麼事情？你將如何專注和精通二成關鍵要務？什麼是你理當割捨的八成事物？

當你擁抱十倍成長的過程，你將持續不斷地專注於做更少的事情，同時也將增進這些關鍵要務的品質、深度和影響力。只要像卡森、琳達和查德那樣做到重質不重量，你將獲得呈指數型成長的非線性的成果。

我們一起努力吧。

設定難以達成的目標，凡事品質提升十倍

「世上九九%的人相信自己無法成就大事，因而甘於平庸。實現『務實的』目標也因此變成最激烈的競爭，並且弔詭地最耗費時間和精力。募集一百萬美元實則比募集十萬美元更輕而易舉。在酒吧搭上一個十分的對象比搭上五個八分的對象來得容易。」[22]

——提摩西．費里斯（Timothy Ferriss）

吉米・唐納森（Jimmy Donaldson）擺脫二倍成長思維時，似乎從未在任何地方受困而停滯不前。他展現出罕見的心理彈性，絲毫沒有顯得不勝負荷。

在二〇一五年十七歲時，吉米與母親一同居住於北卡羅來納州鄉間。他是中產階級白人小孩，沒有太多的技能，經常在自家臥室製作一些平凡的 YouTube 影片。然而，他有一些遠大的自我期許，當中包括成為全球首屈一指的 YouTuber。[23、24]

到了二〇二二年，二十三歲的吉米近乎實現進化為出類拔萃 YouTuber 的目標。如今他以 MrBeast（野獸先生）這個第二自我和品牌揚名四海，在各社群媒體頻道擁有數以億計的訂閱者。他已成為網際網路世界竄升速度最快的網紅，並且擁有一個逾一百五十人的團隊，同時也領導或參與包羅萬象的商業活動，這使得他的年收達到近十億美元。

吉米於二〇二二年三月接受了喬・羅根（Joe Rogan）的播客節目專訪，當時喬問說，「是否有很多人尋求你提供建議？像是『嘿，我想成為像野獸先生這樣的網路名人。』」這個問題讓吉米感到興奮，他要求喬開啟自己的推特帳號，並且向喬展示他新進指導的某人獲致的十倍成長的成果。

「在我開始指引他之前，他的 YouTube 頻道每月觀看人次約四百六十萬，收益約為二萬四千美元。或許是在七到八個月之後，我們促成他的頻道點閱數飆升到四千五百萬，月收也暴增至四十萬美元！」[25] 喬大吃一驚，接著問道，「你給他什麼建議觸發了這個指數型的變化？」

請讀者仔細思考一下吉米的答案。它闡明了如何應用十倍成長思維達到指數型成果。吉米回答說：

「雖然聽來頗為不可思議，但憑一支影片獲得五百萬觀看次數，比用五十段影片拿下十萬點閱數更加輕而易舉……你可以一年僅上傳一部影片，卻創造出比一百支平庸影片更多的觀看次數。這是指數型思維。要在YouTube頻道開創佳績，你只須讓人點閱你的影片……如果能使觀看你的影片的網友增加一成，而且觀看時間比看我的影片多出一〇％，那麼你的影片觀看次數將不只增加一成，可能達到四倍成長。你理應採用指數型成長思考法。內容優化了一成的影片能得到四倍的觀看次數，而非增加一成的點閱數。一旦你領會了這個道理，你的能量漏斗將運作得更加優異，你的影片將實質地使人深度著迷。你理應投注三倍的時間來製作影片，因為你將不只獲得三倍觀看次數，而將創造十倍觀看次數。因此我協助指導對象完成卓越的影片，而且輔助他們打造團隊。如果你致力於創作五部影片，那麼只能在每支影片上投注二成的時間。倘若你聘用剪輯師的話，他可以投入全部時間。你不可能每天花十小時來剪接影片，但是剪輯師做得到。」

這是野獸先生本人親自傳授的訣竅。十倍成長思維真的就是這麼單純。正如吉米所言，你必須採用指數型成長思考法。如果你渴求十倍成果，就不能拘泥於線性思維。你理應著重於質而非量。重點並不在於更多的努力和更大的工作量。那是屬於線性的、遲緩的二倍成長思維，永難產生吉米所描述的指數型成果。

當你的思維開始注重品質而非數量，你的能量漏斗將有更出色的表現。你不再焚膏繼晷、殫精竭慮，或是歷盡千辛萬苦。你將能專注於二成關鍵要務，並達到游刃有餘的程度。你打造自己的團隊，讓他們為你處理八成的細枝末節。而就團隊成員的角色功能來說，那些並非無關宏旨的事。這群專家熱愛做那些事情，不論那是後勤支援或是剪輯影片。

以下總結吉米十倍成長思維相關洞見三大要點：

- 運用指數型成長思考法，這意味著更宏觀且非線性的思維。
- 將極度專注力聚焦於質而非量，並在二成關鍵要務上達到專精的程度。
- 打造一支團隊為你處理二成關鍵要務以外的所有事情，專注於達到你企求的專業品質。

為了達到十倍成長，你專注於十倍優化。為了企求十倍優化，你不屈不撓地提升自己的事業願景和各項標準。你堅決地投入於二成關鍵要務，並把極度專注力聚焦於品質而非數量。你放手八成無傷大雅的瑣事。你深知光靠自己努力無法開創指數型成長。

有件重要的事要提醒讀者：即使具備卓越的做事能力，也不必然能達到吉米所說足以產生指數型成果的水準。要達到那樣的品質標準，你必須運用宏觀且別開生面的指數型思考法。你理應抱持遠大的願景和特定的高標準。

倘若你的目標如同二倍成長那般微不足道，那麼泰半的努力將付諸東流。你將不會全力以赴。嚴格說，你將能駕輕就熟，但不會進化也難以創新。你只是在老套的做法上更加得心應手，而無法實質地日益精進。至關緊要的並非賣力做事，而是努力的方向。你理應在專注的關鍵要務上達到爐火純青之境。

關於這個道理，我認為大眾心理學家麥爾坎．葛拉威爾（Malcolm Gladwell）提出的「一萬小時定律」[26]不切實際。誠如創業家暨天使投資人納瓦爾．拉維肯（Naval Ravikant）所說，「能夠創造異數（outliers）的不是一萬小時，而是一萬次疊代。」[27]

反覆練習固然重要，然而唯有這些練習被導向十倍成長思維才具有意義。倘若你的反覆練習不是導向一個十倍目標，那麼你只會不斷地重複固定的形式，一再犯下相同的錯誤。你既有的能力將進一步優化，然而你得不到具有全新特質的、迥然有別的能力。多數人因專注於尋找銅幣而忽略掉身邊的金幣。他們全心全意致力於發現銅幣。他們的認同觀點被銅幣框限。他們優化自我和人生只是為了找到銅幣。

你只會獲得自己專注地尋覓的事物；你僅能精通所聚焦的事情，以及達到自己設定的各項標準。我當然不是說，反覆練習和注重數量全然不重要。

吉米迄今拍製過數千 YouTube 影片。這無疑是大量的反覆練習。而吉米與其他製作了眾多 YouTube 影片的人主要的差別在於，他設定了遠超越其他任何人的、難以實現的願景和種種高標準。事實上，他亟欲成為舉世無雙的 YouTuber，而且他從未隱藏自己的雄心壯志。為了達到獨步全球的水平，他必須成為能夠吸引無數觀眾的獨一無二創作者。他需要一支由全心全意投入的高手組成的、持續擴大的團隊來幫助他。

他從未受困於八成非核心事物；他像雷射般精準地聚焦於二成關鍵要務，並且日益精進；他持續使出看家本領，總是堅持不懈地提高自己的各項標準。

吉米之所以成為家喻戶曉的網紅，是因為他的影片品質不同凡響。如果影片不夠出色，那麼縱使他上傳了無數影片，也得不到網友青睞。能夠推出優質的影片是因為，他堅定不移地致力於落實極難達成的目標，而且全力以赴使自我和影片臻至不可思議的極高標準。吉米的轉化和進化絕非偶然；這是他決心貫徹到底的目的。

誠如亞里斯多德（Aristotle）所言，「只因我們沒觀察到行為者深思熟慮的過程，就假設他不具目的，實在是荒謬的想法。」[28] 在英語世界，「目的」的哲學術語為 teleology，意思是所有人類行動都是由特定的意圖驅使或是造成。Teleology 的字根源自古希臘語 télos，意為「目的

或是事情的成因。」[29,30]

我們的各項目標或是標準驅動了自身的一切作為。[31,32,33] 我們將轉變為自己努力成為的人。我們的種種目標將形塑我們的人生、個人發展以及進化的過程。當你實實在在地仔細分析吉米的話，以及逐步領略本書的核心訊息，你將發現這件饒富趣味的事情：遠大的抱負其實和我們的直覺相悖，它們遠比一般的目標更容易實現。

換句話說，十倍成長比二倍成長更容易達成。

正如吉米描述的那樣，當你採用指數型成長思考法，將不再著重於付出努力的總量，而注重努力的方向與目的。如果你秉持二倍成長思維，實際上將耗掉遠比用十倍成長思維思考的人更多的精力，而且將更加費勁。抱持十倍成長思維的人讓十倍願景引導他們，朝著推陳出新、別開生面的方向前進，而這是持守二倍成長思維的人永難理解或考慮到的事情。就如同丹・蘇利文的闡釋，「當你以十倍成長做為衡量標準，你將立刻看清如何避開人人趨之若鶩的事情。」

此外，十倍成長思維的人著手解決更細緻入微的利基問題。他們鎖定範圍，然後深入地思慮問題，進而捨棄不著邊際的思索。他們深刻思量二成的關鍵要務，並且超脫八成的認知負荷。他們不試圖體面地做一百件事情，而力圖把一件要事做到無人能及的卓越程度。

限制理論專家艾倫・巴納德博士進一步發展了這個概念，以下是他告訴我們的一個例子：如果你意圖賺進一千萬美元，與其解決一百個各值十萬美元的問題，更容易的方法是試著解決一個價值三千萬美元的問題。

我們有許多理由這麼做。首先，專注於三千萬美元的問題，你將發展出相應於問題層級的學習方法和專業知識。這個高價值問題解法所需的素質和深度，基本上與一百個低價值廣泛性問題的解法所需素質和深度大相逕庭。

據巴納德博士解釋，十倍成長思維較二倍成長思維輕而易舉的另一個理由在於，當你力圖解決價值三千萬美元的問題時，並不須力求盡善盡美。你給予自己更大的轉圜餘地，即使你只落實三分之一的目標，仍將達到一千萬美元的水準。覓得一個能支付你百萬美元的人，比找出十個願付給你十萬美元的人輕而易舉，更比尋得一百個願付給你一萬美元的人加倍容易。

在房地產業界，拿下一個價值千萬美元的銷售案，比接到二十件各有五十萬美元價值的銷售案更易如反掌。若承接千萬美元售案，由於是單一物件，就管理和投注的時間來說，將比二十個物件輕鬆省時。

大衛・斯瓦茲（David Schwartz）博士一九五九年的經典著作《大格局大思維》（*The Magic of Thinking Big*）指出，「有位負責人事甄選的主管表示，他收到的年薪一萬美元工作應徵件數，是年薪五萬美元工作應徵件數的五十到二百五十倍。也就是說，二流職位的就業競爭至少比頭等職位激烈五十倍。」[34]

雖然舒爾茨的分析裡提及的薪資水準已經過時，但其強調的概念迄今依然不容置疑。在人生的所有層面，追求普通目標的競爭，激烈程度始終壓倒一切。這類競爭不但如火如荼，而且難以振奮人心。實現一般渺小目標的行動步驟不僅更加複雜，也更令人感到困惑。達成十倍目標的競爭激烈程度最低，其過程卻最能激勵人心，且行動步驟既單純又非線性。在這個過程中，我們不再隨俗浮沉，轉向注重品質不重數量。

請你想一想：

- 你的人生是指數型的還是線性的？
- 你注重努力和數量，還是致力於創造更優質的、別具一格的事物？
- 你是否同時做五個甚至更多的工作導致分身乏術，你是否打造並不斷擴充自己的團隊來幫你處理八成的瑣事？

時時刻刻締造十倍成長，成為業界佼佼者

「在一個惡性競爭沒完沒了的世界裡，倘若你隨波逐流、向下沉淪就會成為輸家。唯一的致勝方法就是力爭上游……要成為無可取代的人，唯一的方法是獨樹一幟、自成一家……專業知

識使你有足夠的洞見去重新建構所有其他人認定的真理……你能訓練自己成為舉足輕重的人……履歷不能夠代表你這個人。你是自己畢生心血的結晶。」——賽斯・高汀（Seth Godin）[35]

作家詹姆斯・克利爾（James Clear）擅長排除八成非核心事物、專注於二成關鍵要務，以迎向十倍成長的未來，他在這方面超群絕倫。

他長年專心致志寫作部落格文章，不但發展出一個龐大的電子郵件論壇，還成為專業作家——這對他來說是個重大的十倍躍進。在十倍成長之後，克利爾發現新的二成關鍵要務，以將近三年時間寫成《原子習慣》（*Atomic Habits*）這部著作。在該書完成、將近出版之際，他的二成關鍵要務再次全面轉化，成為推廣和行銷這部新書。

就像先前提到的查德和吉米那樣，克利爾因應不斷演進的各項標準，靈活地變換其專注的二成關鍵要務，駕輕就熟地在恰當的時刻擺脫二倍成長思維。他不在任何階段或過程裡毫無必要地耗費時間。誠如他在《原子習慣》書中所說：

「你的身分認同通常會反映在種種行為上。你的作為是自我認同的一個指標——不論那是有意識的或是無意識的認知。」[36]

《原子習慣》自二〇一八年出版迄今（本書寫於二〇二二年十月）已售出近千萬冊，而且成為過去兩年來全球最暢銷的非虛構類書籍。讓我們從恰如其分的觀點來看這件事情，歷年問世的無數圖書裡能銷售逾百萬冊的不多。[37]在美國出版的書籍年均銷量少於兩百冊，而且絕版前平均賣不到一千冊。[38]

克利爾以部落格文章和書籍幫助無數讀者，經由盡可能符合基本原則且無阻力的任務來啟動特定目標，例如：減重，落實過程做好優化工作。與其要求自己做五百下伏地挺身，不如切實做到五下。與其強迫自己為新書寫出一整個章節，不如實在地寫好一個句子。他的寫作和教導旨在協助一般人實現種種微小的改變，從而隨著時間推移，聚合形成重大的成果。

然而，克利爾本身並非平凡人，他的成果甚至遠非尋常人能夠企及。在我們的世界裡，多數人的建言通常優於其實際行動，而克利爾是少數的特例之一，效法他的行動勝過聽從他的話語。光做五下伏地挺身並無法獲致十倍成果；只是寫好一個句子並無助於完成一本暢銷巨著。

追求十倍成長，的確要由做五下伏地挺身和寫好一個句子來起頭，然而要達到十倍成長所需的專注力、素質和爐火純青水準，你必須孤注一擲並全力以赴。你不能把自己視為業餘者，也不可滿足於外行人的投入程度和期盼的結果。誠如克利爾所說，你的身分認同與各項標準必須進化到更高層次，否則你的種種行為將無法突破平庸的格局。

實際研究克利爾產生不可思議成果的作為之後，顯而易見的是，他實為完善特定目標落實成果、而非優化目標啟動過程的大師。他闡明並且全心全意致力於達成最終目標。他排除八成雜務、在二成關鍵要務相關工作上日益精進，從而使其目標的落實成果臻至完善。

他在為人處世和工作上持守不可置信的高標準，關鍵在於投入而非習慣。他秉持極高的標準，竭盡所能將事情做到盡善盡美。誠如克利爾二〇二一年的貼文所言：

> 「良好和卓越的差別通常在於額外的一輪修改。一再重新檢視各項事情的人，將顯得更加聰明或更具才幹，但他實際上只是稍進一步去改善種種事情。我們應投注時間再多做一次更改，使事情更加完善。」[39]

克利爾每次樹立了重大的里程碑，就立刻專注於提高標準。他的成功祕訣在於持之以恆且堅持不懈地增進工作品質。他循序漸進地提升部落格文章與書籍的品質，最後使說故事的品質和推廣著作的行銷策略盡善盡美。

重新檢視克利爾的發展過程有助於更進一步理解他的十倍成果。我們都很幸運，能夠接連數年每年讀到他發表的年終回顧，看他敘述種種管用和不管用的事物。你將在克利爾的年度回顧裡見到他如何投入二成關鍵要務、放手八成無關宏旨的瑣事，以及始終如一地專注於質而非量。

克利爾連年發表部落格文章談論習慣並經營電郵論壇獲致成功後，在二〇一四年的年終回顧裡提及他渴望寫一本書（他的下一個十倍成長抱負）。那時他寫道：

> 「我正專注於什麼事情？努力成為專業作家。自從當上全職創業家以來已有四年，我先後啟動了四個不同的事業（其中兩個獲致成功）和若干較小型的專案……我愛好寫作和幫人培養持久的習慣，勝過其他任何事情。所以，分階段停止其他專案、轉為專業作家的時機已經成熟。這主要意味著，我將於二〇一五年完成第一部著作。」[40]

在二〇一五年的年度回顧裡，克利爾表示他已簽署首部著作《原子習慣》相關合約。[41] 那時，寫書成為他專注的第一要事（他新的二成關鍵要務）。他依然持續發表部落格文章和維持多項活動，但這些事微妙地日漸變為八成非核心事物的一部分。他必須逐步排除它們，好專注於達成下一次十倍躍進。他也首度雇用全職員工來管理線上事業的多數事務。

在二〇一六年的年終回顧中，克利爾描述了從頂尖部落客轉化為世界一流作家面臨的種種挑戰：

「今年有什麼不順遂的事？寫書遭遇了波折。二〇一六年顯然是剛起步的新事業最不稱心的一年。我的專業寫作生涯還不算長，但我體會到，就寫書來說，這一年全然是場災難……一切始於二〇一五年底我與企鵝蘭登書屋簽下書約。合約一經簽署，我的完美心態立刻高度活躍起來……現在回想此事，我領悟到二〇一六年大部分時間用於學習，如何開創嶄新的工作風格。在此之前的三年期間，我每週一與週四專注於寫出一篇新的部落格好文，字數通常為一千五百字左右。如今的寫作抱負更加宏大，我致力於創作逾五萬字的卓越書籍。對我而言，從高效工作轉變到深度工作是棘手的事情——比預料中更加困難重重。我正持續摸索如何創作那種規模的書，以及寫出佳作的方法。」[42]

每回追求十倍成長，你的工作品質和重要性將逐步提升。你不再講求速成，而是轉向創造需要更高技藝和專注力的精緻作品。你將不再同時從事多種活動，因為你必須投注更多時間理清頭緒、綜觀全局。

抱持十倍成長思維的人必須成為領導者，而且理當雇人處理八成的瑣事。要具備十倍成長思維，須獨到地精通二成關鍵要務，好產出創新、富價值且品質非凡的成果。

對於聘人為自己分憂解勞，人們往往遲疑不決。倘若你像克利爾那樣及早起用個人或數位助理，其價值和槓桿效用都遠勝過自己處理八成的雜務，而且你將能立即擁有餘裕來專注於二成關鍵要務，在雇用幫手上觀望愈久，事業進展將愈緩慢，因為你將陷於八成瑣事的泥沼之中。這不僅將分散專注力，還將拖慢你熟悉二成核心要務的進度。

克利爾在二〇一七年的年度回顧裡指出，他近乎把所有精力和時間投注於書寫《原子習慣》，與此同時，其他事業在幾乎不需要他的情況下如常運作：

> 「今年有什麼得心應手的事？我的創作順風順水。我寫了一本書！（嗯，寫出了大部分內容。）自然而然地，完成手稿是主要的專注要務。我在今年十一月寫好了第一份初稿，目前正進行編修。書稿仍有待改進，說實話，我還需要幾個月來修改。然而，見到多年心血結晶逐漸成形，心情實在無比舒暢……一些系統正逐漸建構起來。由於幾乎投注了全部時間來寫作新書，我實際上沒有餘裕去管其他事業，而你可以想像，那些也是相當重要的事情。幸好，在助理林賽協助下，我的事業今年仍有出色的成績。我們打造了多個系統，於是那些事業無須我時時關注依然運作良好。」[43]

十倍成長思維的必要條件是捨棄日漸使你分心的瑣事。每回你謀求十倍成長，將更專注於關鍵而非廣泛的事物。你的抱負日益遠大和深刻，而且要求更多更優質的專注力。十倍成長意味著深度工作。當你拆解所有事物，然後以更單純、簡易及更出色的方式重新組合一切，將能締造新猷。

這就是克利爾投注三年時間做的事情。他經由傳授如何養成必要、實用且正確的模範習慣來解決高度複雜的難題。他相信造就那樣的習慣是人類普遍面臨的一項無比重大的挑戰，並且致力於用遠比市場現有更優異的方法來提供創新的解決方案。他最終大功告成。

當你**專注於待解難題最相關的二成關鍵要務時**，**創新將應運而生**。切勿繼續涉入先前參與的眾多任務或決策，你理當聚焦於更高的品質而非注重數量。運用「成事在人而不在於知識和方法」這個準則是不可或缺的，你只須像克利爾那樣授權有能力且投入的全職助手，為你處理人生與事業的一切瑣事。

讀者們將在本書第六章學習四階段創業模範，當中第三和最終階段旨在創立丹．蘇利文所稱的自主管理公司。在那樣的公司裡，日常的營運甚至於事業的管理，是由創業家以外的人執行。克利爾寫作《原子習慣》期間僅聘用一名全職員工，但他運用了自主管理公司相關原則。在他寫書之際，助手代其管理事業近乎一切日常事務。

至關緊要的是授權團隊自我管理，這是基於至少兩個關鍵原因。首先，研究顯示，要使團隊運作發揮到極致並讓個別成員蓬勃發展，基本上要賦予他們自主權和促使其當責不讓（也就是說，要實踐自我決定理論）。[44、45] 如果團隊不具自主權與捨我其誰的責任感，則不利於成員們的自我成長和積極心態。其次，有遠見的創業家信賴團隊成員、授權他們自我管理，從而有餘裕專注於「天才區」（genius zone）的二成關鍵要務。

在創造二倍品質和價值的過程裡，堅持不懈地力求進化與創新，是事業及團隊持續成功根本且關鍵的要素。倘若過度涉入八成的瑣事，對公司和團隊管太多，或是事必躬親，那麼你的事業和團隊將難以獲致成功。你將困在平庸的格局裡，而且將在素質和獨特性的賽局中一落千丈。

這就是持守二倍成長思維的結果。克利爾在二〇一八年年終回顧裡談論了《原子習慣》的出版和初步成功：

「今年有什麼無往不利的事？《原子習慣》。這似乎已是我身邊盡人皆知的事，但萬一你尚未獲悉：我今年出版了一本書！……今年一月和二月間，我還忙著修改書稿，倘若你在我興奮地埋首進行最終潤稿時，拍拍我的肩膀並告訴我，這本書將在年底前成為暢銷書，幾乎可以確定我將因此如釋重負、放聲痛哭。當二〇一八年接近尾聲時，《原子習慣》已上市十一週（出版於二〇一八年十月十六日）。我全力以赴使其成功（包括投注三年竭盡所能寫出最優質內容），而讀者的反應甚至超越我的最高期望。」[46]

隨著這部著作問世，克利爾的二成關鍵要務轉為竭心盡力打書。他再次提升自己的十倍標準及身分認同。正如他在二〇一九年的年度回顧所言：

> 「今年有什麼稱心如意的事？新書熱銷。《原子習慣》於二〇一八年十月上市，因此二〇一九年是它經歷的第一個完整年度。我對它懷有極高的期許，而且可以說，其銷量遠超越我的預期。在二〇一九年十二月，《原子習慣》已於全球各地售出逾一百三十萬冊，並且接連十二個月登上《紐約時報》暢銷書排行榜……我在二〇一九年發表了三十一場有報酬的主題演說。這無疑是我收獲最豐的一個年度。很顯然，這可直接歸因於《原子習慣》的成功。」[47]

十倍成長的關鍵在於質而非量。克利爾深諳這個道理，如今他已藉此躍升為世上最成功的非虛構作家。十倍成長思維的重要環節是堅決地致力於實現雄心勃勃的願景，並且據此設定各項標準。你鎖定有助於達標的二成核心要務，並且放手八成使你畫地自限的事物。

完成十倍成長過程的必要條件是，徹底轉變自我與整體人生。當達到十倍躍進，你的自我認同和事業將與此前有天淵之別。先前的八成結果將變得無足輕重。而初始的二成關鍵要項將百分之百成為你的日常生活、自我認同和現實狀況。

正如成功的 YouTuber「野獸先生」所說，獲得十倍或百倍成果並不意味，你創造的事物必須比他人的創作優秀十倍，而是只須在品質上超越一到二成，而且至關緊要的是別開生面，如此甚至能得到超越「最好的東西」四到十倍的成果。

精益求精與不同凡響是十倍成長思維的基本條件。這直接點出，十倍成長思維根本上贏在品質而非數量。擁有十倍成長思維意味著進化了，你當前的作為實質上讓他人望塵莫及，或是遠非昔日的自己所能企及。

十倍成長講求品質和轉化，且是非競爭性質的。關鍵不在於比他人優秀，而在於日益成為獨一無二的人，以及開創獨樹一幟的事業格局。你致力於創新並超越二倍成長思維的群眾、脫穎而出。

登峰造極的方法是達到十倍品質與轉化，追求二倍成長而困於數量與競爭的泥淖只會使你每況愈下。《原子習慣》並非優於其他自我成長類書籍十倍，而是勝過最佳同類書籍一到二成並且自成一家。它在品質上更勝一籌，因此獲致的成果甚至超越出色的同類書籍十倍或百倍。

儘管查德、吉米與克利爾未勝過對手十倍，至關緊要的是他們都超越先前的自己十倍。他們沒有抱持二倍成長思維因循守舊。他們不與其他人競爭，而是為自己設定各項標準、專心致志做好二成關鍵要務，以及建構團隊幫自己打理其他事物。

當你像查德、吉米和克利爾那樣專注於質而非量，將能在自己的事業上達到世界一流的水準。一旦成為自己事業領域的翹楚，你投注的時間和精力將獲得無與倫比的回報。塞斯・高汀在《低谷》（*The Dip*）一書中闡釋了成為自己事業領域佼佼者的重要性和種種益處。誠如高汀所言：

「獨占鰲頭者將得到極度不對稱的回報，其獲益將是第十名的十倍，以及第一百名的百倍。」[48]

為了出類拔萃，你必須精通進退取捨之道。頂尖人士不戀棧非關鍵事物，也不會在某種自我認同上停滯不前。高汀指出，捨棄無謂的事物需要無比的勇氣。人們往往對放手舒適圈裡那些事物感到惴惴不安，因為它們就如同寶寶的安撫玩具；它們使你感到得心應手，且能運用自如。那就是你的薪資、身分認同，以及人們對你的認知；是你的故事和形形色色的習慣。愈是出於畏懼而持久地抱殘守缺，便愈難及早實現十倍轉化。愈早鼓起勇氣、斬釘截鐵地割捨那八成事物，就能愈快達到十倍躍進。

每位傑出的領導者都曾面臨這類進退維谷的處境，甚至必須對是否徹底轉變數十年來維持生計的方式做出抉擇，以利事業登峰造極和實現十倍成長。

詹姆・柯林斯的經典著作《從A到A+》描述了他稱為第五級領導者的特質。這類領導者是如此投入於他們想達成的目標，因此無畏又愉悅地擺脫那些只是優良而未臻卓越的事物。[49]柯林斯以達爾文·史密斯（Darwin Smith）為例，他曾於一九七一年到一九九一年，擔任消費性紙製品跨國企業金百利克拉克公司（Kimberly-Clark Corporation）執行長。史密斯於執行長任內發現公司存在一個大問題：其絕大部分營收來自傳統銅版紙工廠。一百多年來，金百利克拉克公司的核心事業聚焦於生產雜誌、圖冊與型錄等的印刷用紙。

然而，史密斯與其領導團隊相信，金百利克拉克公司邁向卓越之道，在於其冠絕全球的打造舒潔品牌、生產消費性紙製品的能力。他們認為，這才是公司的二成關鍵要務，而過去一百多年來的謀生之道，則已屬於八成無關宏旨的事。倘若對優良的現狀感到心滿意足，則達不到卓越境地。持盈守成固然能夠維繫優良狀態，但追求卓絕必然要全心全意致力於二成核心要務。正如柯林斯所言：

> 「假如金百利克拉克公司延續主要的銅版紙事業，將可安然維持優良公司的地位。然而公司邁向卓越的唯一機會在於，挑戰並擊敗寶僑（Procter & Gamble）和史谷脫紙業公司（Scott Paper Co.）、成為最傑出消費性日用紙製品企業。這意味著，它必須『停止從事』銅版紙製造。因此，達爾文·史密斯做出一位董事所稱『我見識過的最具膽識的執行長決策』，將銅版紙工廠出售。他甚至賣掉位於威斯康辛州金百利的工廠。

然後他把所有資金投注於公司與寶僑及史谷脫之間漫長而艱辛的商戰。華爾街分析師嘲笑他的舉動，商業報刊甚至說他愚蠢至極。然而史密斯心意堅決，始終不為所動。二十五年之後，金百利克拉克公司強勢崛起，在八個領域的六個類別超越寶僑，並且併購了先前的主要對手史谷脫公司，成為全球首屈一指的消費性日用紙製品企業。對股東來說，達爾文·史密斯治理下的金百利克拉克公司股市獲利超越大盤四倍，表現優於可口可樂、奇異、惠普以及3M公司。」

達到更優異且獨一無二的品質，將獲致非線性的、指數型的回報。十倍成長易於二倍成長；十倍成長思維贏在品質，並且將使你擁有無與倫比的優勢和自由。

要達到十倍成長，必須全然投入最能引發共鳴的二成關鍵要務，並且排除所有無助於你十倍躍進的事物。你捨棄不能使你達到十倍目標的一切，即使這意味著割捨使你達到現今成就的最佳事物。

本章重點

- 追求十倍成長思維的人潛心於不斷提升一切品質和減少數量的過程。
- 從你做任何事情的方法，可以看出你如何做一切事情。
- 擺脫二倍成長思維實屬不易，因為我們人類傾向於規避損失、敝帚自珍，而且期望被視為前後一致的人。
- 自我認同是你相信的親身故事，以及你秉持各項自我要求的標準。
- 我們應明確界定和選擇自己的種種最低門檻，這是體驗十倍轉化的基本條件，即使對於自己和他人來說，這些標準似乎不可能達到。
- 進化到更高層次的自我需要投入的決心和勇氣，你最終將從而發展出諸多嶄新的能力且充滿自信。（丹的4C準則）
- 吉米·唐納森的十倍成長過程三要項：（一）更大格局的指數型與非線性思維；（二）極度專注於質而非量；（三）打造團隊協助處理八成瑣事，使你能在事業上專心致志和日益精進。
- 基於許多原因，十倍目標比二倍目標更容易達成。十倍成長相對來說無關競爭，它要求你專注於少數關鍵要務、排除多數雜務，這有助於提升大腦的專注力。研究顯示，持續不斷地變換任務基本上不利於心流和高績效。[50, 51] 十倍目標可增益非線性的方法，從而促成別開生面、推陳出新且不涉競爭的解決方案。十倍目標最終將增進領導力和團隊合作，使你不須事事親力親為或訴諸微管理。

- 創造十倍成果無須比其他人優秀十倍。在處理核心要務上別出心裁並將品質提升一到二成，就能產生十倍成果，甚至在特殊利基市場或領域超越非凡的成功群體。

十倍成長思維迎豐盛心態、拒匱乏心態——獲取確實「想要」的事物，體驗極度自由，領悟獨一無二的能力

「世上可區分出兩種人：『被需要驅動的人』（needers）和『被想要激勵的人』（wanters）。出於需要而行動者為各種稀有資源和機會相互競爭，因想要而活躍者不屈不撓地增進同具豐盛心態者彼此合作。」——丹・蘇利文[1]

丹・蘇利文於一九七八年八月十五日離婚，同時也在這天宣告「破產」。這對當時三十四歲的他來說，是個極其愁悶卻也發人深省的時刻。離婚和破產造成的極度痛苦使他領悟到，自己向來沒有百分之百對人生負起責任。至關重要的是，他體會到自己從未全然擁有真正想要的事物，而一再基於匱乏心態和迴避損失的原則，優先選擇自認有需要的八成非關鍵事物，當中包括不愉快的婚姻、忙碌的行程，以及低收益甚至徒勞無獲的客戶等。

在一九七八年即將結束之際，他決定未來每天都把自己確切想要的事物記錄於日記之中。他渴望訓練自己實踐這樣的人生：基於想要而非迫於需要、享受自由而非顧慮安全、抱持豐盛心態而非匱乏心態。

二十五年之後，丹在二〇〇三年將屆的除夕夜與夫人貝絲及兩名親近友人共進晚餐。順帶一提，丹在日記裡稱貝絲為真正想要的配偶。他在用餐時表示：

「我於今天樹立了一個里程碑。我完成了一個專案。在過去二十五年的九千一百三十一個日子裡，除了其中十二天之外，我每天寫下自己希冀的事物。如今我可以告訴你們，我是一位受想要激勵的真正強大者。」

他學會不為自己的想要辯護。他不再被種種需要或是合理化說詞綁手縛腳。他不在乎他人對其各項目標五花八門的意見。他追求自己想要的事物，他堅持不懈地達成一次又一次的十倍成長，這包括順利展開一對一的創業教練新事業，以及創立跨國公司培訓數萬名創業家。

想要和需要是大相逕庭的兩回事。被需要驅動的創業家將難以達成十倍目標，因為沒有人必須給予協助。他們依靠二倍也能夠存活。而追求十倍成長涉及個人選擇，唯有真正渴望贏得十倍成長的人才能夠達到這個目標。你將在本章學到如何放下匱乏心態和競逐資源的需要，用豐盛心態和基於創造力的想要取而代之。

當你能夠從容自在又理直氣壯地企求自己想要的事物，就能學會如何辨識和發展丹・蘇利文所稱的獨一無二的能力。當你欣然接受自己這項無與倫比的能力，你不再憂慮其他人有何作為。你將全面終止與他人競爭。你將切實領悟到真正的自我。你將捨棄一切與自己無關的事物，並且完成最強大、最富價值、最真實的自我轉化。

讓我們開始吧。

擺脫基於需要的匱乏心態，擁抱基於想要的豐盛心態

「企求你渴望的事物」有個關鍵層面，那就是絕不須向任何人證明其正當性。我們無須為自身的願望提出辯白。如果有人問你為何渴望某個事物，你沒必要為此申辯。你的渴求純粹是出於想要，這就是原因。

人們求學時和就業後受到文化薰陶與社會制約，從而學會去滿足金錢等特定需求，甚至將其視為人生目的，因此多數人對於純粹的想要難以置信，甚至於不能夠理解。我們相信追求的事物是有限的稀有資源，倘若取得遠多於「應得的」錢財，那麼可能有人將一無所有。丹在另一著

作《企求你想要的事物》（*Wanting What You Want*）進一步指出：

「當你置身需要的天地，始終必須為其辯護，因為你身處一個匱乏的世界。倘若你需要某種稀有事物，則須闡明自己而非他人應得到它的合理原因。你不僅要向自己還要對別人證明自身需要的正當性。終生被需要驅動的人，日常大部分的思考和溝通，都耗用於永無止境的合理化過程。然而，假如你跨越分界線、進入想要的天地，則無須辯解自己的心願。始終不必……創業家理當堅持這樣的立場。而這要一些勇氣。你理應決心投入想要的世界而不回歸需要的天地。當有人問，『你為何需要這個？』（因為其思維繫於需要而非想要），你可能受到誘導，而用舊思維的語言為自己申辯。你理應不為所動，直截了當回答說，『首先，這並非需要而是想要。』然後你該表明，『我對它的渴求是出於心願。』並非每個人都能輕易理解這樣的說法，因為對於多數人來說，在他們的需要天地裡，所有事情都必須有一個正當的理由。在談論匱乏的問題時，我們有可能正取走某個人需要的稀有資源。反觀在想要的世界中，並沒有匱乏的問題，因為那是一個創新而非競逐資源的天地。受想要激勵的人們開創前所未有的事物。你創造新事物，而且絕不須奪取他人的東西。」[2]

關於想要，丹點出了多數人未領略的兩個關鍵要項。人們因為沒能理解這兩個重點，而選擇了被需要驅策的生活、與他人競爭稀有資源，而且必須為此提出正當的理由。以下是他指出的兩個核心要點：

一、**想要的關鍵在於豐盛心態和創造力**。創造力並非稀有資源，而且不取走他人的任何事物。我們可以積極地運用創造力實質開創亙古未有的新資源與新機會。

二、**想要並不要求我們提出正當的理由**。當我們渴望某種東西，無須對任何人證明其合理性。這尤其惹惱那些自以為是且被需要驅動的人，他們將在匱乏心態的思維下力圖操縱你、使你產生罪疚感，從而去做他們認為你應做的事。要獲致十倍成長思維以及過上適合自己的獨特生活，你必須提防那些專門泡製匱乏心態的人。

我將按部就班地解析這兩個重點。首先要探討的是創造各種新資源，而我們切勿把它和竊取有限資源相提並論。

創業家保羅．葛拉罕（Paul Graham）在二〇〇四年題為〈創富方法〉（*How to Make Wealth*）的文章中，闡釋了賺錢與創富之間的差異。二者迥然不同，然而卻時常被混為一談，這是因為金錢是具代表性的轉移財富方式。誠如格拉漢的解釋：

「財富十分重要。它涵蓋我們渴求的食物、服飾、房屋、汽車、電子產品、旅遊等等。人即使沒錢，仍可能富有。倘若你擁有一部神奇機器，對它下指令就能造出汽車，或為你煮晚餐、洗衣服，做好任何你想要的事情，那麼你就不需要錢了。假如你置身於無物可買的南極洲中央，不論你擁有多少錢都無關緊要。你理應企求創富而非賺錢。然而，如果重要的是創富，為何每個人談論的都是如何賺錢？因為金錢是轉移財富的一種方式，實際上二者可以互換。但是二者又迥然有別。除非你打算藉由偽造貨幣來成為有錢人，否則大談如何賺錢只會使人更難領會生財之道。」[3]

錢本身並不值得我們追求。假若你只是一心求取金錢，將在累積寶貴資產、技能和創造力的創富之路上跌跌撞撞。當你認為有錢就是富裕，將輕易掉入格拉漢所稱的「分食謬論」（The Pie Fallacy），你將誤以為任何時刻財富的總量都是有限的，如果一個人獲得了大量的財富，那麼他勢必取走了其他人的財富。無論如何，當你領悟到財富和金錢的差異，明白了財富是創造出來的，你將能理解財富的總量是無限的。

金錢是一種抽象概念，金錢遊戲是有限賽局；財富是實際存在的事物，創富是無限賽局。

財富不虞匱乏；財富是選擇自由的副產品，而且你渴想多少財富，就能創造多少財富。格拉漢進一步闡明：

「假設你有一輛破舊的車。與其無所事事地消磨掉你的夏日時光，不如投注時間把這部車修復到嶄新的狀態。在做這件事的過程裡，你將創造財富。這一輛復原的舊車將使這個世界——尤其是你自己——更加富裕。而且這不只是一個隱喻。只要你把車子賣掉，你將獲得更多。在修復舊車的過程中，你使自己更加富有。而且你不會造成任何人變得更窮。因此，這顯然不是分食一個固定不變的餅。事實上，當你用這樣的觀點看待事物時，你將驚嘆為何有人抱持那種謬誤的想法。」

簡而言之，財富就是價值，財富就是我們想要的事物，不論那是實體商品、資訊、知識，或是某種形式的服務。價值是屬於品質層級的主體，並不是像金錢屬於數量層面的客體。你可以創造出十倍的價值和財富，而且你擁有的錢不必然直接增加十倍。不過金錢終究會隨著你創造的財富來到，創建品質之後，數量將會應運而生。十倍成長思維即是贏在品質。

當你開創了更多的財富或是價值時，只要你締造的價值比市場現有的更優質且別具一格（也就是創新），十倍成長將隨之發生。你愈能創立特殊和專門化的價值，就能創造更多的財富，例如：你創發其他人創造不出來的事物，或者你提供人們渴望且能夠徹底改變他們的服務。財富無疑就是自由，而且二者都講求品質，財富和自由的關鍵都在於價值。丹在培育創業家的高階課程裡講授四大自由的價值和品質：

一、時間自由的價值和品質；
二、財富自由的價值和品質；
三、人際圈自由的價值和品質；
四、總體目標自由的價值和品質。

十倍成長思維的真締就在於，為時間、財富、人際圈和目標這四個層面的自由創造十倍的價值和品質。十倍成長思維是手段，自由是目的。多數人在這方面全然誤解了。他們完全把十倍成長等同於賺取十倍的錢，將其視為有起點和終點，以及有贏家與輸家的有限賽局。十倍成長思維是提升各項自由價值與品質的賽局——你創造內在想要的財富，像是技能、知識、產品等，然後分享給日漸珍視你的價值且能幫你增值的人們。

當你把十倍成長視為著重品質的賽局，你將專注於打造助益彼此轉化的人際圈，而非交易型的人際關係。你的一切作為旨在達成自我轉化，和徹底轉化你能帶來的獨特價值，以及把日益無與倫比的價值提供給渴望締結有助於彼此轉化的人們。

增進價值意味著為特定的人們創造更特殊且更專門化的價值。隨著你日復一日提升價值，人們將用愈來愈多的錢來交換你提供的價值。格拉漢指出：

「擅長打造事物的工匠最可能領略創造財富的道理。因為他們的手工製品會成為人們在商店裡購買的物品。然而隨著工業化興起，工匠已如鳳毛麟角。現今最大的技師團體之一是電腦程式設計師，他們坐在電腦前就可以創造財富。出色的電腦軟體本身就是有價值的事物。程式設計師不會因硬體製造的問題而感到困惑。他們用鍵盤打出程式碼就可以創造完整的成品。如果有人坐下來寫出一個不賴的網頁瀏覽器程式（順便一提，這是個好主意），這個世界將會更加富足。」

當你的人生是基於想要而非需要，你參與的便是一場無限賽局。你將看清，現實是創造出來的、是可以選擇的，而且創造與選擇是基於財富、自由和價值。你將領會，財富、自由和價值都與品質休戚相關，而且是屬於個人的、獨特的。你不須和任何人競爭。你反而與其他抱持豐盛心態的創造者們協力合作。

當人生是基於需要，你將困在有限賽局之中。一旦身處有限賽局裡，你將被各種外在的力量驅策和控制。你與其他人競逐各種稀有的資源。你專注於他人所作所為並且憂心忡忡。你不清楚真正的自我，肯定也不會逐步剝去表層、充分展現內在的自我。

你是被需要趨動的人還是受想要激勵的人？

你參與了追求自由的無限賽局還是困在某種有限賽局之中？

你創造優質的財富和價值還是競逐有限的金錢？

依據丹的看法，需要和想要之間存有四個明確的差異：

一、需要是外在動機，想要是內在動機；
二、需要是被安全驅動，想要則受自由激勵；
三、需要出自匱乏心態，想要源於豐盛心態；
四、需要是被動反應，想要是積極創造。[4]

獲得自由的唯一方法是專心致志地投入於你最想要的事物。倘若你做任何事情是出於感受到需要或是迫不得已，那麼你不會認為這真的是你自己做出的選擇，而會覺得那是別人為你安排的選項。你只是某種外部力量的犧牲者或是副產品。

當人生是基於想要，你過著被內在動機激發的生活。你的人生以實現自己的目標為基礎。

你**不須合理化**或是證明自身生活方式的正當性。你不去顧慮外在的各式預期和意見，單純地順應自己的渴望存在、行動和擁有。**你創造自身希冀的價值以開創自己企求的人生**。

接下來讓我們探討丹指出的第二個關鍵要點：當我們想要某種東西，無須對任何人證明其合理性。你做自己企求的事情，因為這出自你的想要。你師出有名！

想要源自你的內心，不需要將其合理化，即使其他人（我們之間被需要驅動的人）試圖迫使你對自己的心願提出辯白。讓我們再一次闡明：你的人生並非基於需要……而是基於想要。企求自己渴想的事物全然不會奪走其他人的任何東西，因為你創造財富與自由，而且這實質上使世事變得更加美好而非落得更糟。

在需要的世界裡行動，你總須合理化和正當化自己的所作所為。你在那裡不能只是基於自己的想要去做某件事情。你可能渴望擁有一間新住宅，或是盼望度假六週，或期望實現某個夢想，然而在需要的國度裡，求取這些事物必須提出合理的解釋。當你處於需要的心境之中，將很容易遭到他人操控，他們將力圖使你因不做「必須」或「應當」做的事而產生罪疚感。有個公開的爭議性案例能完美地佐證上述說法。

提摩西．費里斯日前與比特幣交易所 Coinbase 共同創辦人暨執行長布萊恩．阿姆斯壯（Brian Armstrong）進行訪談，論及如何應對監督與批評。提摩西特意詢問布萊恩，為何他決定資遣立場相左、不認同公司受使命驅動不應過度涉入文化與政治議題的員工。[5、6]

布萊恩解釋說，在二〇二〇年新冠病毒肺炎全球大流行初期，二十四小時新聞台主要循環播報喬治．佛洛伊德（George Floyd）遭暴警虐殺的悲劇，以及隨之風起雲湧的「黑人的命也是命」（Black Lives Matter）運動，使人產生美國陷入分裂的觀感，以致團隊成員覺得彼此間的連結和凝聚力日趨弱化。

隨著 Coinbase 團隊內部分歧逐漸擴大，成員們政治立場變得涇渭分明、彼此關係緊繃。在二週一次的全體員工大會上，開始有職員提出一些政治與社會問題，並向資方施壓、促其對公司使命以外的警察施暴等議題表達立場。鑒於已有許多同樣具影響力的公司無畏地針對社會議題公開表態，布萊恩及其團隊明白他們必須做出回應。

在領導團隊一場閉門會議上，布萊恩決心更加專注於公司各項價值。首先，他裁定，儘管公司的使命不涉政治、追求以加密貨幣增進全球經濟自由，但理應順應科技業界的趨向、公開發表聲明支持「黑人的命也是命」運動。然而，他後來發現這個運動除了爭取黑人平權之外，還訴求停止資助美國警方等其他目標時，他轉變立場、認為公司不能給予支持。

他明白自己先前深陷於媒體大舉報導的這場文化運動，做出了罔顧公司使命的錯誤判斷。他察覺，這是基於畏懼、匱乏和需要心態犯下的錯誤。他領悟到，自己和公司的精力與文化必須重新聚焦於當前的使命。

在最初的聲明公布數個月之後，布萊恩發表新的公開聲明，向團隊每個成員和外界宣告，

Coinbase是使命導向的公司。正如史帝芬．柯維（Stephen Covey）所說，「至關緊要的是以第一要事為優先要務。」[7] 布萊恩受訪時講述了他如何宣布消息並堅定地闡明原委：

「這是我們未來的方向。如果有人不以為然，我完全能夠理解。我先前沒有想清楚，這是我的過失。我們將提供優厚的資遣待遇。公司五％的員工將離職。這件事持續沸沸揚揚數個月，更有多名記者寫了一些以偏概全的報導，但隨著時間推移，事態漸漸平息。坦白說，這是我歷來為公司做過最可圈可點的事情之一。因為如今公司上下已經協調一致，我們正在快速進展，公司所有成員都明白他們的使命。那時我因領導力面臨無比重大的考驗而極度惶恐不安。我不想引發爭議，也深知大家將痛恨我的做法。」

布萊恩．阿姆斯壯的處置勇氣十足。他做了自己希冀的事，而不是別人認為他必須做的事。基於想要的人生需要勇氣；基於想要的人生是依自己希望的方式生活，而不是按他人要求過日子。企求自己想要的事物是源自內在動機，是為自身目的做事，你不須為此提出辯解。布萊恩純粹想要打造一家透過加密貨幣帶動經濟自由的公司。他無須證明這個想要的合理性。他不需要任何外在動機或理由。

渴求自己冀望的事物基本上須極其坦誠地面對自己。你理應堅決地忠於自我以及事業，不論這將造成什麼樣的影響。提摩西針對布萊恩的故事指出，「傑出領導力的特徵」在於做出「不受歡迎的決策」。對於你所處世界的多數人來說，排除八成無關宏旨的事物是不得人心的做法。被需要驅動的人們肯定會如此認為，因為他們不能理解受想要激勵者創造財富與自由的無限賽局。

如我們先前所言，人們不求十倍成長的主因在於，過度懼怕會使身邊根本無法理解十倍成長思維的人侷促不安。他們終將在文化薰陶下接受親近之人的規勸，相信自己不應企求超過自身需要的事物。他們勉強滿足於二倍成長而不希冀十倍成長，無法克服其內心造成的挫折感和壓抑。此外，他們難以領悟自己真的可以一再地達到十倍成長和徹底改造自我。

巨大的外部壓力迫使人們保留八成對人生無足輕重的事物，因為那些事物能帶給人安全感，但它們不能給予人們自由。而我們面臨的最沉重壓力其實是內在的。自由終究源自我們的內心，你是否有勇氣捨棄那八成事物、全心全意企求真正想要的事物？

自由意味著放開一切自認需要的事物，並且只選擇百分之百想要的事物；想要是基於自由；需要是基於安全、恐懼和憂慮他人的評判。人們不企求自己想要的事物，是因為過度專注於尋求自認為需要的事物。他們忙碌於追逐手段，而不直接選擇和落實自身期望的目的。

自由有兩種基本類型：

一、免於……的自由：也就是不受不想要的外在事物束縛，這是出於迴避動機（avoidance-motivated）。

二、通往……的自由：也就是勇敢地選擇且忠於自己最想要的事物，這是出於趨近動機（approach-motivated）。[8、9]

你可能擁有世上所有的外在自由卻依然不能無拘無束。同樣地，即使所有的外在自由都被剝奪，你仍可能自由自在。誠如維克多・弗蘭克（Viktor E. Frankl）在《活出意義來》（*Man's Search for Meaning*）書中所說，「刺激和反應之間存有一個空間。我們在這個空間裡擁有選擇如何回應的能力。而我們的成長與自由有賴於自身對刺激的反應。」[10]

自由根本上是一種內在的選擇和承諾。自由和想要都超越框架。二者的運作都不受框架囿限，而且不被特定框架的法則界定。自由與想要運用更高的層次來全面徹底轉變框架和賽局（也就是現實）。你內心明白自己是否自由自在。只要你選擇自己渴望的事物且全力以赴，而非接受你自認需要的事物，那麼你就是自由的。直到你決心投入之後，而且唯有你決心投入之後，你希冀的事才可能發生，你才能體會自由的滋味。

正如俗諺所言，「你想要的一切都在截然與恐懼相反的那一邊。」[11]人們面臨的一個顯然的挑戰是不清楚自己的想要。他們太過忙碌於辯護自認為需要的事物。他們沒學會坦率地面對自己和其他人。他們持續活在恐懼之中。

由於十倍成長思維的基礎在於想要而非需求，至關重要的是學習如何認清自己的心願，以及不需要辯白或藉口。誠然，並非人人都務必企求十倍成長。伊隆．馬斯克（Elon Musk）想要而非必須登陸火星。民權領袖馬丁．路德．金恩博士是基於心願而致力團結眾人、爭取種族平權與各項自由，並非迫於需要而投入黑人民權運動。

想要是基於自由和豐盛心態；想要是基於坦然面對自己與整個世界——你不再順應他人的想法故作姿態。誠如戒酒匿名會創始人比爾．W（Bill W.）所言，「所有進展始於說出真相。」想要自由，你就不能繼續欺騙自己，以需求與合理化為基礎的世界是一座牢籠。需要依靠恐懼、安全感或義務而得以維繫，將你禁錮於各種不想要的人際關係和處境之中。追求自由首先必須全然坦誠地面對自己，這始於承認自己最想要的事物，而不是你自認需要的事物，這是你內心真正渴想的事物。直到坦承並決心追求自己想要的事物之後，你方能自由。

當人生是基於自由和想要，你的生活品質將以非線性的方式徹底轉化。你擺脫匱乏心態的條條框框，不再為了他人的目標和法則而汲汲營營。你的存在方式全然不再與任何人若合符節。你徹徹底底接受自己的獨特性。你是獨一無二的存在。沒有任何其他像你這樣人，而且沒有人能夠或是真的想要像你一樣。你能做的最美好的事情莫過於擁抱和珍視自己的獨到之處，然後藉由唯有你能做到的方式來幫助他人，從而以自身最崇高和純粹的形式在世上生活。

你選擇自由而非安全，全心全意投入於令你振奮又使你戒慎恐懼的二成關鍵要務，一次又一次獲致十倍成長，然後發展出無與倫比的獨到優勢。你逐漸割捨八成無傷大雅的事物，並且成為舉世無雙、獨步全球的人。而這一切歸根究柢源於企求自己想要的事物。

你真正冀望且比其他任何事物更想要的是什麼？

哪種存在方式、什麼事情、擁有哪些東西，比其他任何事物更能激勵你的心志？

假如你不畏懼他人的觀感或是反彈，將如何做自己？將投身於哪些事情？

更真誠地面對自己與世界，將帶給你什麼樣的感受？

丹闡釋的四大自由之中最崇高的一項是目標自由——做自己最想要的事，也就是完成最高層次且最純粹的自我表達——實現存在的目的。

當你的人格持續進化，你的願景、自我及人生目標將擴展到不可思議的層級。你將日益企盼以獨到的方式，奉獻更多自己的資源和能力來改善世界。

認清和界定獨一無二的能力

「獨一無二的能力要求你確定自身喜愛及不愛做的事，並斷定他人的形形色色意見與己無關。絕無僅有的能力之基礎在於，始終如一地意識到自己愛好且能激勵自我的活動和環境，以及自己不樂意做又不能鼓舞自我的事物。自由始於了解自己對親身體驗的種種判斷全然有憑有據……獨一無二的能力實在神奇。各位須明白，它的關鍵絕非投入眾多不同的活動，而是專注於少數活動。人們常說，『我在十個不同領域擁有獨一無二的能力』。但我要指出，『在接下來九十天期間那可能有益於你。然而在九十天過後，你將發現已有其他人具備其中七項能力。你真正無人能及的能力將僅剩二到三項。』我研究此事已有二十五到三十年，令我覺得有趣的是，當我以為已到了盡頭時，卻又發現我總是進行著新的事情。開始迎向更大的挑戰、帶來更豐碩的成果之前，我原先認定的獨一無二能力其實可以進一步微調。」

——丹．蘇利文[12]

耐吉（Nike）於二〇一四年五月推出美國滑板運動高手保羅．羅德里格斯（Paul Rodriguez，暱稱P-Rod）第八款簽名運動鞋「P-ROD 8」。

當這款鞋上市後，耐吉告知羅德里格斯，他是四位擁有八款簽名鞋的運動員之一，其他三人分別是柯比．布萊恩（Kobe Bryant）、麥可．喬丹（Michael Jordan）和雷霸龍．詹姆斯

（LeBron James）。

在耐吉擁有個人簽名鞋款是一種極稀罕的成就。縱觀耐吉五十多年的發展史，其贊助的運動員獲此人人稱羨的殊榮者不到一％。而擁有以自己名字或暱稱命名的鞋款，甚至更為罕見。舉例來說：美式足球運動傳奇球星博．傑克森（Bo Jackson）簽名鞋款的名稱是氣墊訓練鞋SC（Air Trainer SC），而不是命名為The Bo。

耐吉於二〇〇五年第二度嘗試在滑板運動市場和次文化領域攻城掠地。當時二十一歲的保羅．羅德里格斯是全球首屈一指的滑板運動明星之一，於是耐吉提出極優厚的條件延攬他加入團隊。儘管這是一個無與倫比的機會，但羅德里格斯長年渴想擁有自己的簽名鞋款，而耐吉並未提供這項誘因。在二〇二二年一場名為《永遠的二十年》（*20 and Forever*）的訪談中，羅德里格斯回顧了二十年的滑板運動歷程和整體職涯，據他指出：

「開始投入滑板運動時，我的夢想是擁有簽名款的滑板和專用運動鞋。對我來說，這才算是全面實現自己成為職業滑板運動家的願望。因此，倘若沒爭取到簽名鞋款，我會覺得自己的想要未完全落實。經紀人與耐吉商談之後告訴我，『這是他們提出的合約各項條件』。我回答說，『聽起來挺好，但是滑板專用鞋呢？簽名鞋款呢？』她說，『對方沒提出任何相關條件。』於是她回去跟耐吉續談，然後致電給我說，『他們沒有推出簽名鞋款的計畫。』我回說，『不行！我對現狀十分滿意，不想和現在的贊助商拆夥。』當時的我年輕、固執，而且立場堅定。」[13]

回首前塵，羅德里格斯仍對這件往事沒有出現另一結果感到不可思議。在二〇二二年，耐吉推出了第十款羅德里格斯簽名鞋，而且自二〇〇五年以來，羅德里格斯簽名鞋款一再登上最暢銷滑板鞋款排行榜，銷量達到數百萬雙。據他表示：

「我實實在在地思考了這件事情，而且覺得難以置信。倘若他們當年回說『免談』，將會發生什麼事情呢？我感謝他們最後那麼信任我。如今雙方已合作推出了十款我的簽名鞋。」

羅德里格斯是全球最傑出的滑板運動好手之一。他的技巧精湛而且與眾不同。他的風格恰到好處且深具影響力。他推陳出新並且徹底改變了滑板運動。在漫長的滑板運動職涯裡，羅德里格斯不斷獲致十倍成長。他未曾陷入停滯期或是卡關，而且堅定不移地力求自我、專注力和技藝上的進化與創新。

他投身滑板運動數年後於十四歲時，向洛杉磯當地滑板運動器材店One Eighteen的經理安迪・奈特金（Andy Netkin）遞交了第一支申請「贊助我」（Sponsor Me）的影片。奈特金立即看出，羅德里格斯未來將成為滑板運動超級巨星。[14]

十六歲時，羅德里格斯以業餘滑板選手身分獲得「城市之星」（City Stars）滑板公司贊助，並於兩年後在眾所期待的滑板運動影片《街頭電影》（*Street Cinema*）裡首度亮相。[15]他甚至出現在影片結尾處，而那部分通常保留給團隊裡最受推崇的職業高手。[16]

十九歲那年，羅德里格斯在享有聲望的《環球滑板運動》（*Transworld Skateboarding*）雜誌於二〇〇二年的影片《風華正茂》（*In Bloom*）裡大顯身手。當羅德里格斯的片段開始時，滑板運動傳奇人物艾瑞克・柯斯頓（Eric Koston）評論說：

「他的整體動作渾然天成，似乎永遠不會翻落滑板。他就像是在工廠輸送帶上大玩製造技巧。因為這一切對他來說易如反掌。他的表現無比出色。毫無疑問，效果極佳。他的學習突飛猛進。他的動作看來得心應手。各位要當心他綻放的光芒。好好留意。」[17]

羅德里格斯持續進化和成功的一個關鍵在於，不斷地運用自己獨一無二的能力。展現出類拔萃的能力是最純粹也最真誠的自我表達。這是真我的核心、任何特殊的十倍躍進所需完成的二成關鍵要務。不同凡響的能力是獨到且專門的創造價值與財富的方法。它是無人能及的做事方式，即使其他人想和你一較高下，也無人能與你匹敵。你自成一家的能力還包括別開生面的願景和目標。

近五十年間教練過數萬名創業家的丹・蘇利文清楚，那些嚴肅對待自身獨特能力的人，也都認真看待自己，並且有能力達成最大程度的十倍躍進。道理很簡單：獨步天下的能力是專屬於個人的、品質層級的，而且唯有你能創造出如此無與倫比的價值。其關鍵不僅在於你的一切所為，更在於你做事的方法。羅德里格斯不只具有所向披靡的滑板運動技能，更具備別具一格的獨特性——這實際上是其優勢的一個核心要素。獨一無二的能力存在於你超群絕倫的領域，你全然地受內在動機激勵而活力充沛且全心全意投入其中，在此你能洞察到無盡的提升自我可能性。

多數創業家在參與商業策略教練課程之初發現，他們聚焦於個人獨有能力的時間遠少於總時間的二成。他們投注時間、精力和專注力的方式雜亂無章、被八成瑣事困住，以致無從發揮無人能敵的能力。而當他們認真看待自己的獨特能力，並且把絕大多數時間用於發展此能力，非線性的十倍成長思維將接踵而至。

關於個人獨具的能力有個重要問題必須釐清，那就是它究竟源自先天條件還是出於後天教養。差強人意的答案是二者兼而有之。我們全都具有獨一無二的能力——最純粹且最自由的自我表達和目標闡發——然而並非所有人都致力於發展此種能力。這是專屬於個人的內在能力。

因此，我們理應真誠地面對自己最想要的事物。

你最想要的事物與你的獨特能力息息相關。你應當欣然接受和珍視自己的獨特性，以及重視與欣賞其他人的獨到之處。發揮你無人企及的能力、專心致志去做你希冀且最能激勵你的事，這需要極大的勇氣和投入的決心。無須憂慮其他人對於你的事業和生活方式的想法。你理應對自己孤注一擲。雖然我們可能擁有「與生俱來的」獨特能力，但我們仍應致力於發展此能力，而這將是畢生最難做到也最須投注熱情的事。它將能體現我們純粹的勇氣和投入的決心；它將是永無止境的過程。

這個過程旨在追求自由、打造最獨特的價值。你愈投入於發展個人獨到的能力——十倍躍進的二成關鍵要務——就愈能徹底轉化自我和人生。你不受他人的想法約束，不迴避自己真正想要的事物。

發揮個人獨具的能力將使事情變得輕而易舉。因為你對最想要的事物全力以赴，從而使自己以非線性的方式達到指數型的成長和轉化。你比多數人更迅速地練成十倍成長。較一般人更快地達到十倍進展。你在進步的過程中不斷躍進、獲致超凡脫俗的技能和卓越成果。當你領悟了自己的獨特能力，工作將如同玩樂。因為你追隨好奇心和興趣做事，對於新的可能性和潛在機會抱持開放的態度。

你的技能持續擴展並且提升到更高層次，這將促成更高的績效，並使你體驗更優質的心流狀態。你在自己的領域裡持之以恆地提高自身各項標準，並使這些標準日益細緻入微、無與倫比。在自己的創造力和創新精神的世界裡，你將讓所有人望塵莫及。由於百折不撓地突破種種界限，你將歷經千辛萬苦，同時獲得極大的自由。

不自由的存在方式遠比自由的存在方式艱辛。發揮你個人獨具的能力，不要只做你應做的事，你將獲得十倍甚至更多的自由、財富和益處。運用特有的能力時，你將放手一搏並且不斷嘗試從未做過的事情。你總是能夠洞察自己可以達到多大程度的進步。因為一旦你進入心流狀態，將超越既有的能力與自信，無畏無懼地推促自己更上層樓。你將堅持不懈地、全心全意地致力於實現最振奮人心的未來願景。你將不會躊躇滿志、安於現狀。你將不再抱持二倍成長思維。

誠如羅伯・葛林（Robert Greene）的著作《喚醒你心中的大師》（*Mastery*）闡釋的那樣：

「歷史上諸位大師……他們經由苦練來提升能力、加速達到卓越的進程，這一切都源自他們強烈的學習欲，以及他們對求知領域的深切連結感。在他們熱切地下功夫的過程裡，最核心的要素實為與生俱來的特質，而非天分或才華。此特質是極其深刻且強大的特殊專業傾向，有時需要後天的發展。這個傾向反映出個人的獨一無二特性。這個獨特性不只是詩意或哲學的概念——它是基因科學上的事實，我們每個人都是獨一無二的；我們的基因組合是前所未有的，也將永遠不會重複發生……那些後來成為大師的人，他們對這種傾向的體驗遠比其他人更深刻和明確。他們經歷了一種內在的召喚。這往往將支配他們的思考和夢想。他們意外地或是通過純粹的努力，發現自己的職涯發展之道，從而使其獨特的專業傾向蓬勃發展。強烈的連結和想要使他們能夠承受整個過程帶來的痛苦——自我懷疑、單調乏味的練習與研究、不可避免的挫折、嫉妒者無休無止的冷嘲熱諷。」[18]

獨一無二的能力並非線性或固定不變的。正如每次十倍躍進的二成關鍵要務都迥然有別，每回十倍成長過程裡獨特能力的表達與焦點也大相逕庭。而過往的個人特有能力不見得當下仍是你獨具的能力。個人獨到的能力始終不斷進化，並且導向最激勵人心的未來願景。它總是帶領你認清最高目的和自我的核心。剝去層層表象是永無止境的過程。你的每次十倍躍進都將是個人特質上非線性的徹底轉化。

每回的十倍成長都將引領你的自我和人生，朝出人意料的方向邁進。舉例來說：米開朗基羅從描繪人體，躍進到雕塑十七呎的大衛像，接著進化至創作西斯汀禮拜堂壁畫，最終更躍升為聖伯多祿大教堂巨大圓頂的首席設計師。這一切都不是線性的，而全然是出自內在本質的、憑藉直覺的十倍成長思維。米開朗基羅每次十倍成長的必要條件是，在先前的十倍循環基礎上推陳出新，這往往是水平思考或非線性思考的結果，而且唯有在回顧時才能看清事情的全貌。

正如羅德里格斯在《永遠的二十年》訪談中所說：

「年輕時父親曾告訴我，『助你成功的事物會使你故步自封。』他試圖向我證明，不可因為自認有所成就，便安於一隅、不思進取，而應當力求更上層樓。」[19]

人生的目標在於將自己發展到登峰造極的程度，以及充分展現自己獨一無二的能力。最重要的莫過於使自己達到爐火純青的境地。這是你的終生志業，而且你理應對此抱持捨我其誰的精神。有個單純、深刻又有些詼諧的故事可凸顯上述的重要性。「心流」概念的創始人米哈里．契克森米哈伊（Mihaly Csikszentmihalyi）博士在致力於開創性的相關研究時，曾發電郵給管理學大師彼得．杜拉克，尋求他接受訪問、談論創造力議題。杜拉克的回應讓契克森米哈伊大開眼界，並被他寫進著作之中：

「閣下於二月十四日發來親切的電郵，使我備感榮幸且受寵若驚，因為我多年來一直欽佩您和您的研究，而且受益良多。然而，親愛的契克森米哈伊教授，我恐怕要讓您失望了。我沒辦法回答閣下的提問。人們說我具有創造力——我實在不解其意……只是鍥而不捨地埋頭苦幹……我認為生產力（我相信生產力而不信創造力）的祕訣之一在於，準備一個超大的廢紙桶來處理包括閣下的一切邀約——根據我的經驗，生產力並不包括做任何助益他人工作的事情，而是把所有時間用於上天認為適合我們做且應做好的工作。」[20]

所謂做好自己而非他人的工作，即是探索和精進自身的獨一無二能力。如此你將臻至無人能及的出神入化境地，並日漸對自己和周遭的人們產生影響，而且你將開始覺得這個人生志業是一項神聖的使命。你個人獨具的能力界定並闡明你的專業優勢——唯有你能夠達到的游刃有餘境界。

研究顯示，當人們主觀地覺得自己的工作是一種使命——這意味著他們具有目的感且從事著自己想要做的事情——他們將體驗更全面的主觀幸福感，以及享有比只把工作視為職責的人更高的事業成就。[21] 將工作當成使命的人可能有，但不必然有任何宗教信仰。研究人員也發現，使命感和強化的事業成熟度、職涯投入度、工作意義、職責滿意度、人生意義和生活滿意度等，存有始終如一的連結。當人們實際地在工作中實踐使命，前述各事項之間的連結將最為堅實。[22]

另有研究顯示，具有使命感的個人更有可能不去顧慮導師或顧問提供的建議，尤其是那些促人選擇安全感或主流選項的建言。[23] 這並不是說他們全然不聽從或不接受別人的建議，而是意味他們最終信任自己內在的聲音，從而做出自己的種種決定。

說穿了，沒人能幫你做出決斷；無人能取代你。沒人擁有你如此獨具一格的願景或生活方式；無人具備你那種獨特能力。因此，他人的建議對你僅有一定程度的幫助。

在寫作本書時，這個事實對我造成沉重打擊。我在生活和工作中多個不同領域熱切企求十倍成長。為達成目標，我必須與人進行一系列艱辛且不自在的對話，而且這事關重大、後果不容小覷。曾有多位傑出的導師和顧問建議我謹慎行事，不要貿然進行。

許多人告訴我，如果我依照內心的想要去做，將喪失當下和未來的最佳機會。然而，我最終傾聽了自己內在的心聲，並對諸多關係狀態和處境做出重大調整，而這些調整並沒有毀掉我的人際關係，我的真誠反倒締造了最大的信任、投入和全面的自由。相信自己並開創自身的獨特路徑，實際上就是羅伯．葛林所說的大師登峰造極憑藉的是「難以言喻的特質」。根據他的解釋：

「大師達到出神入化之境，並非天資或才能發揮作用的結果，而是把時間和極度專注力運用於特定知識領域的成果。然而，大師臻至爐火純青境界另有一個必然具備的要素，那就是難以言喻的特質（X factor），它看似神祕，實則人人都可以得到。不論我們從事什麼領域的活動，一般都有一個公認的登峰造極的路徑……而大師們自有強大的內在導引系統，以及高度的自我認知。這些大師在職涯發展上不可免地於人生關鍵時刻做出抉擇：他們決定開創自己的道路。在他人看來這並非正統的做法，卻符合他們自己的精神和律動，並且能夠引領他們更進一步發現其研究對象隱藏的真理。這個關鍵的選擇要有自信和自知之明——達到游刃有餘的大師境界所需的難以言喻的特質。」

登峰造極不只是擁有造就非凡事物的能力，更要具備以獨一無二的方式來成就卓越事物的能力。如果做不到獨特、創新和無拘無束的自我表達，那就不是真正的大師。獨特性是大師不可或缺的要項。因此，要達到爐火純青的大師境界和實踐個人使命，你必須認真看待自己的獨一無二能力，並且充分發展和發揮此能力。以下是開發獨特能力的方法：

一、**真誠面對自我和人生最想要的事物**。不須向任何人證明想要的正當性。沒有人可以取代你。沒有其他人希冀你想要的事物。無人擁有像你那樣獨一無二的能力、獨到的願景和渴望。

二、**指數型擴展自己關於存在、擁有和事業的願景與想法**。堅持不懈地磨礪你的獨特能力——它能激勵你、賦予你活力、激發你永無止境地提升自我的潛能，並且運用此能力達成你的十倍願景。日漸認清真正的自我，以及使你在世上成為獨一無二之人的事物。

三、**闡釋你理想中未來自我和當下自我將做的事**。要非常具體地闡述未來自我的框架、使命、目標、用以影響和推進最關切事物的獨特能力、當前的你可能覺得不切實際又難以理解的各種獨到標準。

四、**闡明你的二成關鍵要務**，只要對這些要務游刃有餘，你將在時間、財富、人際圈與總體目標這四方面，體驗到渴望十倍擴增的自由。

五、**捨棄八成無關宏旨的事物**，使自己能夠探索感到好奇和有興趣的事物。

每回你達到十倍成長、徹底轉化自我和人生，你將對自己的獨一無二能力有更明確的認知。舉例來說：「我的獨特能力是學習、理解，以及用扣人心弦、簡明和實用的方式，萃取各種複雜觀念的精髓。」我甚至可以更具體地將我個人獨具的能力定義成，開拓市場、提供給特定人士高度細緻入微的價值。比如說，我可以指出，「我的獨特能力是透過引人入勝、故事導向和基於科學的著作，來闡明高度複雜的觀念。」

我要提醒大家，定義個人的獨一無二能力，是遠比你特地去做的任何事情更宏大的事。更直截了當地說，個人獨具的能力是有獨到方法全力以赴做好自己想要的事。這並不限於任何特定的活動，不過你也可以依個人所好，有策略地深思熟慮如何將獨特能力運用於特定活動。

以寫作之類的某一項特定技能為基礎來定義自己的獨特能力，是具有風險的做法。十倍躍進通常需要你的獨到能力大幅進化，因此你理當避免框限自己。誠如決策思維專家安妮．杜克

（Annie Duke）在《退出》（*Quit*）一書所言：「當你認同了自己的作為，將很難罷手，因為一旦罷休，將意味著不再做自己。」[24]

最好把你的獨一無二能力分成幾個認知單元然後加以理解，然後超越有限賽局、進入更高層次的無限賽局，也就是超越框架或任何特定的活動。這是你終極的志業，它代表的是你的本質。如此一來，我可以把自己的獨一無二能力定義為，「與真理產生連結、將真理內化並使自己徹底轉化，以及傳授真理來促成學員們轉化。」

鑒於獨特能力是我們的自我價值的核心，因而它是極具個人特色的，我們必需要勇氣極度投入，以及與其產生連結、使其發展並加以運用。倘若你不覺得自己極度地展露真正的自我，那麼你仍未發現自己的獨一無二能力。

如果它不能使你迅速轉化，那麼它並非你的獨特能力。假使你感受不到賽局的樂趣和生猛的創造力，那麼你尚未找到自己的獨一無二能力。倘如你進入未知世界歷險的旅程不夠深刻，那麼你必須再接再厲。假若你未能創新、突破常規、拓展特定學科或技藝的「現實」疆界，你理當鍥而不捨。展現真實自我是最令人畏懼也最激勵人心的事情，不要有任何保留，也無須為自己尋找藉口。這就是你將獨特能力發展到出神入化境界的方法。

請你想一想：

- 什麼是你的獨一無二能力？
- 你提供給他人何種無人能及的獨特價值？
- 什麼樣的十倍躍進最能激勵你全心全意運用獨特能力尋求實現目標？
- 生活中哪些無關宏旨的瑣事使你無從發揮獨特能力以致窮忙且徒勞無功？

開創變革型人際圈，當中所有人都是「買家」

「我認識唯一具有理性行為的人是我的裁縫；每次見面時他都會重新為我量身。其他人則總是沿用他們舊有的尺度，並且期望我符合他們的衡量標準。」——蕭伯納（George Bernard Shaw）

當羅德里格斯最初接獲耐吉的贊助提議時，他很清楚自己想要什麼。他渴望相關協議能讓他擁有親簽款滑板運動專用鞋。雖然耐吉提供的豐厚條件無疑是足以改變人生的機會，然而倘若羅德里格斯不能擁有自己的簽名鞋款，他很樂意放棄這個機會。

他深知自己想要什麼事物；他並不需要耐吉的贊助，而是基於想要而非迫於需要行事。他確知自己選擇與堅守的各項標準，不去顧慮他人的想法或建議。

羅德里格斯身為滑板選手和藝術家的獨特能力創造出無比的價值，因此他能自信地為自己的人生做主。他有那樣的信心；他明白自己該考慮什麼條件；他明白自己可以怎麼做；他深知自己無可匹敵。

他已經歷過多次十倍躍進。他一再地徹底改造自己——看著自己的獨特能力造詣日深、無可置疑且激勵人心。他自訂遊戲規則；他參與無限賽局；他自由自在。

他始終如一地經由十倍成長思維轉化自己的人生、進化自己的獨特能力，並且擴展自身的自由。因此，他日漸能夠精挑細選有助於實現自我的事物。他並不亟需建立任何夥伴關係或人際關係，因為他能領會自身獨特能力的價值，而且基於想要而非迫於需要來經營自己的事業。

接下來我們將更深入探討丹．蘇利文在最高層級的創業家課程裡傳授的各種策略思維與心態。我們先來剖析丹所稱的「始終當買家」這個概念。[25] 丹說的「買家」和「賣家」之間存有根本且關鍵的差異。

當買家意味著對自身設有種種明確的標準，而且清楚自己想要的事物。相反地，當賣家則亟需置身於一種特定的處境，因為自己認為有此必要。賣家為求被人接受，會扭曲自我、使自己難以自在。他不明白也不能投入符合自己內在本質的各項標準。他持續不斷地降低或改變自身的種種標竿，「但求能夠成交。」在每個社會情境之中，你若非「買家」就是「賣家」。買家和賣家的差別在於，買家能夠一走了之。買家無須置身於某種處境當中。買家可以主動說「不」，而賣家則是被拒的一方。倘若羅德里格斯不能得到他想要的事物，他全然樂意拒絕耐吉公司。因為羅德里格斯是買家。

他最終和耐吉一同形塑了變革型的關係，雙方的合作如今已長達十七年，之後陸續推出了十款羅德里格斯簽名鞋，銷售量達到數百萬雙。羅德里格斯與耐吉一再攜手創新和共同進化，他們造就的成果遠遠超越雙方最初的計畫。他們歷久不衰地進化與擴展，關鍵在於羅德里格斯一以貫之地保持買家心態。如果他成為賣家，將會喪失自信、不再堅持自己最渴望的事物。這將衝擊他的一切作為，甚至影響他在滑板運動上的表現。畢竟，做任何事情的方法決定了做一切事情的方式。

一旦你允許自己成為賣家，將會低估自己。你讓某種有限賽局界定自我和自己的能耐。你被外部因素驅動而非受到內在因素鼓舞。你出於需要而非基於想要來經營自己的事業。為求十倍成長，你理當抱持買家思維。身為買家，你與其他買方一起形塑變革型協作關係——在此關係中，整體始終迥異且遠勝於所有成員的總和。

誠如丹．蘇利文的闡釋：

「當你抱持買家心態，你持之以恆地運用從一切經驗獲致的最佳學習成果，創立各種衡量標準，以判斷對未來有益或無益的事物。你始終想要依據自己創設的標準來提升自我。你總是有許多機會，而且你擬具了更宏大且更優質的未來計畫，因此你須持各項標準來判定何者是最佳機會，這包括哪個協作者對自己最有助益。有潛力的協作對象須認同你決心努力的方向和提升能力的方法。你需要膽識來進一步投入，而且在理應勇往直前的階段，你將渴望與其他同樣投入且需要勇氣的人締結關係，而這類人始終不斷成長茁壯。」[26]

在變革型關係之中，所有成員都抱持買家思維，雖然他們的收穫不必然相等，但每個人都獨特地受益、得到激勵，而且從其各自的觀點來看，大家都贏得十倍成長。對於所有參與其中的人來說，這種關係型態是「扣人心弦的獲益機會」（compelling offers），提供給買家們十倍轉化和成長。

所有成員都將帶給這種關係不同且特殊的價值。他們處於互異的位置且渴望最終從協作關係中獲得迥然有別的事物。試圖使大家的收穫均等或求取「公平」，實屬交易型關係的思維產物，這種做法不懂得珍視成員個別的框架、願景和渴想的特異性。當沒有任何成員覺得自己有所損失，也沒有人自認「占了上風」，他們之間締結的就是有助於彼此轉化的變革型關係。若有人自認「虧損」，那麼他們抱持的其實是「賣家」心態。

在助益彼此轉化的關係之中，沒有人是輸家。每個人將以自己想要的方式成為贏家，而且無須辯護自己想要的事物。在這樣的人際圈裡，倘若每個置身其中的人一再地十倍躍進、徹底轉化，那麼所有人都是贏家。假如有人從十倍成長思維轉換到二倍成長思維，而致這種變革型關係終止，則沒有人能成為贏家。當動能轉變到維繫現狀，十倍轉化將戛然而止。

誠如詹姆斯·卡斯（James Carse）博士在《有限與無限賽局》（*Finite and Infinite Games*）一書所說：

> 「有限賽局玩家的目的是克敵致勝，無限賽局玩家的目的則是使賽局延續不斷……有限賽局玩家在界限裡博弈；無限賽局玩家則突破界限……唯有能夠促成變革的人方能持續參賽。」[27]

當處於有限賽局之中，你遵守遊戲規則；當置身於無限賽局裡，你堅持不懈地改變賽局。只有能使賽局延續不絕的人可創造複利效應，以及達到指數型成長。唯有能變革賽局的人可使賽局生生不息；僅有能夠有效地適應各種不同情況的人可以成功地進化，並且不至於被淘汰出局。

進化與創造複利效應休戚相關。如果你停止進化，複利效應也將隨之止息。唯獨卓有成效的進化能夠使賽局綿延不斷，並且持續創造複利效應和十倍成果。當你不再進化，最終將不再能締造複利效應。

正如傳奇創投家納瓦爾．拉維肯所說，「我們理應與長期的玩家一同投入長久的賽局。人生一切的回報，不論是財富、關係或知識，都來自造就複利效應。」[28]

這正是無限賽局至關重要的原因。無限賽局玩家不屈不撓地改造和提升自我，以及基於想要而非出於需要的獨一無二能力，然後形塑十倍或百倍具有增效作用、可創造複利效應的人際圈，從而以他們渴望的方式來促成所有成員轉化、使其更上層樓。

本章重點

- 社會規訓人們使其相信自由與創造力是稀有且須競逐的資源。這並非事實，雖然金錢是有限資源，但財富是無限資源。
- 當你選擇自由而不選擇安全感，你欣然接受了追求真正想要的人生、不去爭奪自認為需要的事物。
- 基於內在渴望的生活能締造豐盛心態，使你得以創造財富和希冀的人生，無須向任何人證明企求自己想要事物的正當性。

- 基於外在需要的生活促發匱乏心態，使你爭逐自認為需要的有限資源。受制於需要的人須為自己的行動提出他人可接受的理由。
- 你必須在當下做出選擇：你願意持續活在「需要」的世界競逐有限資源，並為自己的一切作為提出辯解？或是企求在「想要」的世界裡自由地選擇、創造和獲取自己渴想的事物？
- 唯有欣然採納純粹基於想要的生活方式，我們方能獲致十倍成長。並非任何人本質上都需要十倍成長。唯獨擁有了渴想和創造十倍自由，十倍成長才會成為可能。
- 唯有企求自己最想要的事物，才能發掘和開發你的獨一無二能力。這項能力是自我價值的核心。
- 獨特能力是提供最高價值給他人的途徑，而且即使他人渴望複製你個人獨具的能力也難以做到。
- 無人能及的能力比任何特定特質或技能更富價值且令人振奮，雖然它能運用於教學、領導和出謀畫策等特定活動，但把獨特能力過度連結至任何單一的活動，將阻礙自我和特有能力更上層樓。個人獨具的能力將推動你發揮最激勵人心的卓越績效。

- 欣然接受自己的獨一無二能力，你將進入心流狀態，因為你不受制於他人的認可、不會過度地框限自我。你只是純粹自由自在地以自己希冀的方式存在、做事和創造自己想要的事物。你全然自由且充滿活力，從而啟發了創造力。你因而徹底轉化，而且你的獨特能力將臻至世界一流的水準，你將在自己的專業上達到爐火純青的境界。
- 要成為真正的大師，你不能只是專精於某種事業。專業能力僅能助你成就事情。游刃有餘的大師能以獨一無二的方式造就事物。大師是永遠無可取代的人物，我們只能向他們學習。欣然接受你自成一家的能力，以此促成自己發展為大師，以及展現最極致且最真實的自我。
- 當你擁抱並認真看待自己的獨特能力，將不再與任何人競爭。你理解自己和其他人都是獨一無二、無可取代的個體。你的目標成為剝除層層表象、展現最包容且進化程度最極致的自我，而不是試圖仿效他人。
- 你的獨到能力始終沒有止境，將隨著每次十倍躍進大幅演進。
- 拋開八成無關宏旨的事物、全心全意投入最令你振奮也最使你畏懼的二成關鍵要務，將使你的能力更接近獨一無二的境界。
- 在深刻發展獨特能力的過程裡，你將日漸擁有更大的自由來主宰自己人生的種種處境和機會。你掌握最有價值、且能徹底轉化及擴大特有能力的處境與機會，而不致絕望地困在自己不想要的處境之中。

- 若需闡明和發展獨一無二能力的額外資源，請造訪這個網址：www.10xeasierbook.com

PART 2

10倍成長思維

實踐與應用新思維的具體方法

發掘過往的十倍成長，藉以闡揚未來的十倍成長——繼往開來

「唯有回顧才能看清事情全貌，前瞻則做不到。所以，你理應相信有朝一日將通盤了解全局。一定要信任自己的膽識、前途、生命力、業力或其他任何事物。因為相信一路走來的歷程終將理清頭緒，使你有自信追隨心之所向，即使你將被帶去另闢蹊徑。」——史蒂夫・賈伯斯（Steve Jobs）[1]

在寫作本書的過程中，我曾請朋友、家人和客戶讀過幾份初稿。一位經營小企業、與我頗親近的導師說，他喜愛書稿裡某些概念，但這終究不是一部適合他讀的書。他表示：「班，我並不追求書裡那種層次的轉化和投入，我的人生偏好二倍成長甚於十倍成長。」

我同意這位好友的看法，這確實不是一本寫給所有人的書。不想要十倍進化的人生，完全沒有問題。倘若你已一路讀到此處，很可能已領會自己是否渴望十倍成長的人生。或者，你依然猶豫不決。如果你對十倍成長仍感到困惑不解或信心不足，請繼續讀下去。本章將為你解惑釋疑。

我另一位朋友讀完一百頁初稿之後，既受到啟發也心生挫折感。他並非不贊同書中論述，相反地，他認為我闡釋的十倍成長思維極為簡明扼要。他感到挫折是因領悟了自己想要十倍成長的人生，而要達成這個目標，務須實現一些重大變革。他理應徹底改變職涯走向。

這位朋友對我說：

「我領略了人生和事業的若干真相。十倍成長深具啟發性，使我自覺能實質改善生活和種種人際關係。我尤其能理解關鍵在於質而非量。重要的不是數字，而是如何徹底轉化。然而，身為《財星》雜誌五百大企業榜上公開上市公司的中階經理，我不禁心生挫折感。原因不在於你的寫作，或是十倍成長思維本身，而在於從當前位置試圖實現十倍躍進，是全然行不通的事情。大型組織中存有諸多官僚科層，因此要促成變革極其困難。那百頁初稿的推力使我真正體會到自己理應轉換職業，雖然我還沒想清楚轉職目標。回到重點，我應當更明確地理清自己想要的事物。」

坦白說，此書目標讀者是高階創業家，他們的人生不但擁有諸多自由，而且持之以恆地尋求和創造更高度的自由。十倍成長思維的根本關鍵正是自由，亦即存在、生活和創造自己希冀的事物和方法的自由。

追求自由理當付出相應代價。它要求我們極度坦誠、投入和具備無比的勇氣。它有賴於我們擺脫層層恐懼和依戀、突破二倍成長思維框架，以及基於需求而非想要的生活方式。你將承當一切成敗和不被身邊多數人理解的後果。

我那位友人並非創業家、不屬於本書主要的目標讀者。但我像回應高階創業家那樣告訴他：不論身處哪個位置，十倍成長思維的必要條件是全盤改造自我和事業。維持現有的一切絕不可能達到十倍躍進。這包括你既有的事業和策略模式，以及你的心態與身分認同。如果你全心全意企求十倍成長，人生中的一切都將徹底轉化。倘若你希冀十倍成長，理當從根本上改變生命中八成的事物。這無疑是令人望而生畏的想法。你能否承受這樣的犧牲？

在《收穫心態》一書中，丹．蘇利文和我闡述了一種與直覺相悖的心態轉換方法，它不但有助於我們放手八成無關宏旨的事物，還能使過程妙趣橫生。假如你受困於丹所稱的「落差心態」，實現十倍成長的過程將不會是愉快的體驗。抱持落差心態去追求十倍成長，實質上有害身心健康和一切人際關係。

在落差心態下，你或許能實現一次或二次十倍成長。然而，你的進化程度將受到限制，因為落差心態將使你為了外在報酬，而非為內在的想要而活。它驅使你爭逐名利，而非享受人生。落差心態令人失去自信和動機，甚至對自己產生厭惡感。

唯有擁抱收穫心態過生活，追求十倍成長的旅程才會真正樂趣無窮。除了培養收穫心態之外，我們還要從一切人生經驗學習教訓、獲得裨益，不論那是好是壞，甚或可怕的歷練，如此才能持之以恆地提升自己、增進智慧，而且永不故步自封。

本章將幫你充分了解落差心態與收穫心態的差異，以及領會為何收穫心態對擁有十倍成長的人生至關緊要，接著我們將助你以收穫心態理清過往的脈絡。我們將帶領讀者學習一項簡單技能，藉以確認迄今達成的十倍躍進並給予評價。

然後，我們將深入探討兩個效用強大的模型，它們有助於你具體闡明自己想要的下階段十倍躍進，從而認清自己渴望充分發展和徹底翻轉的獨一無二能力。

讓我們啟程吧。

落差心態與收穫心態

「未來的能力等級取決於評量過往成就的方法。直到確認自己已經走多遠，並且恰如其分地估量自己的收穫之後，你才能勇往直前、持續成長。」——丹・蘇利文[2]

在逾二十五年前、一九九〇年代中期，丹．蘇利文領導策略教練工作坊時，領悟了一個事關重大的道理。他察覺，儘管學員們在三到十二個月期間達成眾多目標，當中許多創業家學員卻不重視這些進展。他們不滿意既得成果，甚至產生負面情緒。

一位創業家學員的負面心態尤其嚴重，這促使丹發展出一個關於落差心態和收穫心態的模型。他要求學員們反思和討論此前九十天個人與事業上的進展。然而，那位心懷負面情緒的創業家堅持，他絕無任何正向進展。

「完全沒有？」丹問。

「沒錯，絕對沒有，」那人回答。

「你不是說日前開發了新客戶，而且團隊正進行一些重大專案？」丹回說。

「確實，然而那些都不重要，因為我們錯失了許多應得的機會。我們原應比當下享有更多成果。」那人回答。

這人始終抱持落差心態。落差心態使其以「應然」評量「實然」、用自己相信的應得成果來衡量實際成果。抱持落差心態的人，將以理想狀態做為估量自我或自身處境的標準。

這是司空見慣的事，而且是多數人習以為常的待人處事模式。例如：我的小孩有時會因晚餐不符他們的期待，失望地大聲嘆氣。他們不感激媽媽辛苦準備晚餐、不珍惜自己有好家庭、舒適住處、有暖食可享用的事實。他們隨心所欲地拿某種理想來衡量這一切，以致貶低其價值。

反觀收穫心態則是極細緻入微卻也純粹的觀念，因此很容易受到誤解。擁抱收穫心態並非單純對自己擁有的事物和當前所處位置心懷感激。收穫心態還能觸發自信、智慧、靈感和興奮感。

分辨落差心態與收穫心態的關鍵並非有無感激之情。二者的核心差異在於衡量自我和自身經驗的方法。我們首先將詳盡闡釋落差心態下各種自我評判效應，接著將詮釋收穫心態下評量自我（和衡酌一切事物）和帶來種種變革的正面效用。

丹・蘇利文持負面心態的學員用心中理想衡量自我、人生、妻子和事業。他因自己沒能達到理想狀態而感到沮喪與挫折，更低估自身當下和過去的整體成果。在落差心態下，其過往因不符理想標準，而成為一項問題、一個夢魘。他懊惱自己沒能變成「應當」成為的人。

構成問題的過往無法支持你開創更大格局的未來。在負面情緒和負面能量作用下，對往事的解讀只會使你持續認為，未來不會有任何改變。落差心態終將侵蝕並摧毀了丹那位學員重視的一切，導致其婚姻破裂和喪失雄心壯志。

如果你習於用理想來評量一切，實現目標的過程將不再充滿樂趣，你將永遠不知足、反覆感到負擔愈來愈沉重。當我的小孩對晚餐不滿意時，他們是用心中理想來「衡量現實經驗」，以至於不但輕忽所獲益處，還產生更糟的負面情緒。這就是懷抱落差心態的隱憂。你實際上有所進展，卻心情惡劣，問題出在你的思維框架——你以應然評量實然。

人們可能持落差心態估量任何事情，而且有此傾向的人，往往多數時候困在負面思維之中。懷抱落差心態看待他人，可能對彼此關係造成最嚴重的破壞。在此心態下，你只會認定部屬等給予你奧援的人，達不到合格的標準。

在寫作《收穫心態》一書期間，這個事實尤其令我備受打擊。身為六個小孩的父親，寫書時我領悟到，自己時常以落差心態面對孩子，尤其是那幾個領養的小孩。最可悲的是，我出於落差心態，用應然的理想標準來衡量他們，而沒能看清他們短期與長期的實質成長和進步。

我把孩子置於落差思維的框架裡，不但看輕他們，還教導他們貶低自身的價值。我教誨他們，成功和幸福是遙不可及且可能終生追求也永難實現的理想。即使是最積極尋求落實理想的人，在落差心態下也將鎩羽而歸。理由很簡單：理想並非恆久不變，而是在現況的基礎上恆常地變動。理想就如同沙漠地帶的地平線，不論朝向它前進多少步，它始終在你前方伸展開來。

當你用理想來估量自己，就像是以不斷變動的標準衡量自己，你將因達不到那個標準而苦惱不已。你永難達到那個層級。因為，理想始終遠遠超越你當下所處的水準。這並不意味我們不應憧憬理想。我反而主張，理想對於我們確認特定遠大目標的方向卓有效用。

無論如何，即使設定了明確、具體且能衡量的目標，我們仍有可能輕易地陷入落差心態之中。倘若達不到目標，落差心態將使我們因沒能「成功」而覺得自己是輸家。即使達標了，若以超越目標本身的理想標準來評量自己的進展，仍將受制於落差心態。

這兩種情況都會摧毀你的成果，也都將使你苦不堪言。二者都將侵蝕你的樂趣。懷抱收穫心態則不會有此體驗。抱持落差心態基本上是為避免面對內在的真相，而且對外在的某種事物產生不健康的需求。

在落差心態下，你相信自己須達到理想的標準——你「需要」新車、新客戶、新協議、更好的天候條件、暢銷商品等等。若抱持落差心態，不論你有多大的成就或消費了多少商品，甚至窮盡一生追逐海市蜃樓，外在「需要」終究漫無止境，內在的空乏更將每況愈下。

以經典美劇《六人行》（*Friends*）裡飾演錢德勒・賓的馬修・派瑞（Matthew Perry）為例，他在回憶錄《朋友、戀人和最糟糕的事》（*Friends, Lovers, and the Big Terrible Thing*）中講述了追逐名利、女人及酗酒嗑藥以求填補內心空虛的人生故事。據他指出：

「我十分確定，名望將改變一切，而且我比世上任何人更渴求名聲。我需要它。唯有它能解決我的難題。我曾經如此確信……然而聲望的神奇力量絕非歷久不衰；欲壑難填。（就像打地鼠遊戲那樣。）或許這是因為我始終試圖用物質來彌補精神空洞。」[3]

懷抱落差心態就像任何成癮症一樣是種疾病。創業家可能終生締造了不少成就，然而自信心卻隨著每回致勝而遞減。結果，許多秉持落差心態的成功人士採取極端手段來麻痺自己、減輕痛苦。

請謹記在心：**收穫心態才是解方**。我們隨後將探討這個議題。

倘若死抱落差心態，追求十倍成長的過程難免心靈受創。各項目標將難以激勵你，反將使你筋疲力竭。令人啼笑皆非的是，許多抱持落差心態的創業家將此心態合理化，還宣稱這是他們成功的原因。因為他們「永不會心滿意足」、始終力求超越自我、設法得到更多。他們沒有領略重點，往往到了為時已晚的關頭，才能體會自己汲汲營營追逐理想，而錯失此時此地的寶貴價值、付出了過高的代價。

難道我們不應企求十倍成長思維嗎？

應放棄所有抱負和遠大目標嗎？

如果出於直覺反應，可能得出這樣的結論——你應拋開一切目標、夢想和十倍成長思維——然而持收穫心態的人不會這麼想。放棄夢想並非解決之道。沒了遠大的十倍目標和意義，人生將希望渺茫、漫無目的。

那麼，何謂收穫心態？

我們怎能同時具有遠大夢想，又全然對當下所處位置心滿意足？

一切都繫於我們評量自我與種種經驗的方法。落差心態訴諸被動回應、外在途徑來衡量自己和各項經歷。收穫心態講求以積極主動、富創意、內在的方法來評斷自我與各種經驗。在收穫心態中，你絕不會以任何外在的標準來衡量自己。你只以先前的自己做為自我評量的標準。秉持收穫心態者既有理想也有明確的特定目標，甚至包括各項十倍目標。然而，他們自我評量的標準不是這些理想或目標，他們**只以過往的自己和所處位置來評判自己**。

誠如丹所言：

「測量旅程走了多遠的唯一方法是，丈量起點到當前位置之間的距離，而不是估量當前位置到遠方目標之間的差距。」[4]

以昔日的自己為自我評量標準，能使我們實際看清並珍視自身的進展，從而對當下的自己和所處位置有更好且更明確的領略。如此產生的自信和動能是達到十倍成長的基本要領，有助於你對現有成果和希冀的目標維持恰如其分的看法。事實上，你的進步往往遠超越自己感知的進展。

經常反思、評價和衡量自身的進展，可立即減輕追求十倍成長的壓力，以及增進不受時勢好壞影響、持續勇往直前的動力。時時確認與評量自己有無長進有更深刻的意義，我們將開始以迥然有別的觀點看待自己的過往。我們將看清先前通常不會視為「進展」的那些「勝利」與收穫。我們著手從自身有好有壞的經驗汲取更多教訓，因為在收穫心態中，我們自主定義自身經驗的意義。

在落差心態下，我們受到自身體驗驅策，倘若事情未達我們想要的理想程度，我們將深受其害。而在收穫心態中，我們採取反脆弱思維。一切都是為我們而發生，不是碰巧發生在我們身上。每個經歷都隱含某種教訓。我們時時刻刻學習和改進，而非愈來愈不滿現狀。

時時省思自身的進展也有助於我們欣然接受自己的人生賽局。我們走自己獨一無二的道路，不與任何人競爭。我們擁有自身獨特的歷練，並把它們轉化為嶄新的洞見、標準和成長。心理學和神經科學眾多研究為丹的收穫心態概念提供了有力佐證。以下僅列舉一些實例：

- 研究顯示，幸福感和正向情感——尤其是感激之情——將促成更富創意的想法、更優質的決策、更高的績效和獨立自主。[5、6、7、8、9、10、11、12] 收穫心態能徹底增進正向情感、感激之情與自我評價。
- 收穫心態在情感層面的標誌是「多巴胺」，也就是幸福感、動機和興奮感。落差心態在情感層面的特徵則是有損績效的「可體松」，亦即壓力和挫折感。
- 研究指出，自信較大程度上是過往成就的副產品，而不是未來結果的成因。[13] 收穫心態允許你回顧既有進展，從而不斷地提升自信。而在落差心態下，你不珍視也難以評價已達成的進步。你無法認清當前所處位置，因為你不參照既有進展來持續調整外在標準。唯有從明確的起點回顧和評量自己，我們方能看清自己所在位置，以及如何達到此處。理清並評價自身的進展，可增進自信心，從而提升洞悉和創造更多收穫的想像力與動機。

- 研究揭示，滿懷希望、具有高度動機的人們持續地從疊代和調整前進的途徑獲取回饋。[14,15] 憧憬未來的人從所有的經歷學到教訓。一切事情都是為他們而發生，而不是偶然發生在他們身上。他們運用所有經驗教訓來改善生活方式。這是路徑思考法，它從一切閱歷汲取教訓和進行疊代。所有的體驗都是恆久的金礦，當中充滿了諸多課題。

養成收穫心態的方法極其簡單。你在一天結束時寫下當天三項「勝利」，那可以是你學會的事情（縱然過程不順遂）、實現目標的過程獲致的實質進展（即使微不足道）、日常體驗（比如說和小孩共度時光）。

你專注的任何事物將得以擴展；你將開創更多自己洞悉的事物。經由聚焦於生活中的收穫，你將開始覺得自己一直在獲勝。你將從日常的經驗裡洞察和創造更多收穫。最終你將日復一日持續獲益。你將能估量自己在所有不同時期的收穫。反思以下這些問題有助於你真正地進入收穫心態：

- 過去三年裡，你在為人處事方面有何成長？
- 十二個月以來，你學會了哪些至關重大的事物？
- 在先前九十天內，你有過什麼意義非凡的經驗？
- 與九十天前相比，你是否日益清楚自己的各項目標和願景？
- 相較於三十天前，你的生活在哪些方面有所不同且變得更好？
- 你在過去七天有什麼重大進展？
- 在過去二十四小時有什麼進步？

不論你當前於十倍成長的過程中身處何處，你的實際收穫比自身領會的更多。時常參照既有的種種收穫，有助於你看清和感受自己的進展。對自身經驗當責不讓使你有能力把經驗轉化成更多收穫。從所有經驗學會更多教訓，你將不再無謂地重蹈覆轍。你將不會停滯不前。

即使在外人眼中看似倒退了，例如：像丹那樣在一天之內破產和離婚，你仍可把這類經驗化為收穫。在收穫心態中，你心懷感激地學習經驗教訓從而改善自我，而不是淪為經歷和處境的犧牲者。縱使可能發生一些非常可怕的事情，例如：遭遇車禍而致癱瘓、失去所愛之人，或是像聖經裡的先知約伯那樣似乎喪失了一切。這些也都能成為你的經驗教訓，並為你帶來裨益。

把看似損失的事轉化成收穫，是身為人得以成長和進化的方法。我再次重申，凡是人都極其厭惡損失，因此我們往往難以適時拋開八成無關宏旨的事物。與其覺得積極主動放手是一種「損失」，不如以更好的心態將其視為一項收穫。你擺脫曾帶給你價值但已不再管用的事物，於是有了餘裕專注於更關鍵的要務。每回你放棄那八成瑣事，終將收穫豐厚。

一位友人最近告訴我，他已滴酒不沾，因為那屬於八成無助於十倍成長的未來事物。他不認為有所損失，而把它看成一大「收穫」。這種因放手而有所收穫的觀點至關緊要，因為我常見到人們對於拋開昔日的身分認同、過往的成就、特定活動或是上癮的事物，表現出過度誇大的、儀式化的行為。

我們只須欣然接受事實，相信放開那些事物——即使是事業中曾經獲利豐厚的部分——使你邁進了一大步。畢竟此刻那只會實質地阻礙你前進！讀者朋友們，你們當勇往直前，專注於二成關鍵要務，然後拭目以待自己達到難以置信的十倍轉化！

當你懷抱收穫心態，一切事情都是為你而發生。

你秉持反脆弱思維；所有歷練都富有價值；你堅持不懈地從經驗汲取教訓；你始終日益精進，總是不斷學習、從即便是最尋常的事物中披沙瀝金。

回顧你曾經獲致的十倍成長——重新檢視你的十倍躍進，以及過程中的二成關鍵要務

「回溯你僅達到當前成就十分之一的那個人生時點。當你回顧來時路，能否想像自己可以走到當前的位置？或許難以想像吧。正如同你可能無法想像自己未來能獲致十倍成長。然而思索一下過往，你將能看清自己至少一度達到十倍成長，而且你還能再次達成。」——丹・蘇利文[16]

我們已做好培養收穫心態的基礎工作，接下來是時候重新檢視和重新定義過往，以求更好地評價先前獲致的所有十倍成長。

經由明確認清昔日的十倍成長，你將能在未來更清晰地洞察十倍成長。你曾數度養成十倍成長思維，每回你致力於自己想要的事物從而徹底轉化，你就達成一次十倍成長。你完成根本的、品質層次的升級，於是你的自由和影響力持久地擴展。

舉例而言：當你從爬行進展到步行，即經歷了一回十倍成長。你全心全意投入並達到自我轉化。回首前塵往事，你將看清自己在某個時點並無法做到某件事情，然後你辦到了，並且從而

徹底轉化。當你學會說話，你實現了一次十倍躍進。在你學會閱讀時，你獲致了一回十倍成長。當你學會如何結交朋友，你的十倍成長得以發揮。每回你致力於某件超越既有成就的事情並完成自我轉化，你就達到一輪十倍成長。學會開車或駕駛飛機是一次十倍躍進。成為創業家是一項十倍轉化。

每一次你獲致十倍成長將不再延續先前的運作模式，你會變換自己的身分認同、精神模範和存在方式。你拓展自己獨一無二的能力。

請進行一個強效的練習，投注一些時間回顧你先前的各項十倍成長。也請深思歷次十倍成長過程專注的二成核心要務，和放手的八成無關宏旨事物。經由闡明各階段的二成關鍵要務，你將清楚如何持之以恆地精進獨一無二的能力，為自己的人生開創更多自由。

我以自己的真實故事來供讀者們參考。投身教會兩年期的教宣服務是我的一次十倍躍進。我於二〇〇八年參與其中，投注了近兩年時間達到自己希冀的目標。當時的二成關鍵要務是，藉任務擺脫過去的創傷與痛楚、將自己的未來與上帝產生連結、依據自己的決定與標準過生活，而不屈從當下的處境或同儕團體的壓力。我拋開八成使自己從二成關鍵要務上分心的事物，尤其是對父母的各項決定或錯誤產生的怨恨與憤怒、高中時代的多數朋友，及諸如電玩遊戲等令我上癮、無法專心、停留在二倍成長思維的一切事物。

完成服務任務之後，我的人生永久地徹底轉化。下一回十倍躍進是進入楊百翰大學

（Brigham Young University）深造。鑒於我參加教會任務前勉強從高中畢業、沒拿過任何大學預修學分，這可說是一項「不可能實現」的目標，就如同從我的童年經歷來看，投入教會服務任務十分匪夷所思。楊百翰大學像多數常春藤盟校那般競爭激烈，入學須有始終如一的A等成績。

為了能上楊百翰大學，我先於二〇一〇年就讀鹽湖城社區學院。這時的二成關鍵要務是成為一名卓越學生、對學習成果與成績負起全責、熟悉學校體系和校園政治、增進自己對各項目標及標準的投入程度、不再滿足於先前的二倍成長。

我排除的八成事物，包括：長年積習、漠視功課和成績、讓朋友影響自己的人生方向，以及在同儕壓力下裹足不前。當我於二〇一一年秋季進入楊百翰大學後，下一輪十倍成長目標是結婚，以及攻讀博士學位以精通心理學，也就是提升自己的人生和開創職涯。

此時的關鍵要務為辨識和吸引十倍成長的人生伴侶，以及學習高階心理學與哲學。精通博士生研究與寫作方法也至關緊要。最初申請攻讀博士學位時，我曾遭十五個不同的研究所拒絕，然而我沒像個受害者那樣怨天尤人，而是致力提升自我，從而得到重大收穫。

我堅決地投入學習和自我改造，有幸得到年輕的內特·蘭伯特博士（Dr. Nate Lambert）惠予指導。這位教授日後成為我最好的朋友和導師之一。他教導我如何自信地研究和寫作，迄今我仍受用無窮，更寫成了本書。我與內特博士共同發表過逾十五篇學術論文，從而得以進入個人首選的克萊門森大學（Clemson University）攻讀組織心理學博士學位。

在二〇一四年秋季進入克萊門森大學後，我的下階段十倍目標是擴增家庭成員、取得博士學位和成為專業作家。我尤其致力於拿到一家主要出版社六位數的著作合約。這是我的重點目標——我相信這將開創自己想要的自由和機會。經由達成這個目標，我將能做自己喜愛做的事，並且有能力供養家庭。

此時的二成核心要務是克服公開分享想法和寫作的恐懼與焦慮、學習卓有成效且可達到病毒式傳播的寫作方法、學會如何打造電子郵件論壇以吸引更多讀者。我於二〇一五年春季開始寫作部落格文章，接連發布了數百篇貼文。在接下來十八個月期間，有數千萬網友閱讀我的文章，而電子郵件論壇註冊會員也達到逾十萬人。在二〇一七年二月，我拿到了紐約五大出版商之一的賀氏書屋（Hachette）二十二萬美元出書合約。我的第一部主要著作《意志力不管用》於二〇一八年三月上市。而在此之前一個月，我和蘿倫贏得了過去三年寄養在我家那三名小孩的撫養權。

蘿倫在同年十二月生下一對雙胞胎女兒。而我在隔年春季完成了博士學業。三年半後，我寫成本書、再度達到一次十倍成長。自從拿到博士學位，我已出版過五部暢銷書，其中三部是與丹・蘇利文合著。我為退休儲備的資金也十倍增長。蘿倫和我的情感發展和成熟度也都十倍躍進。

我過去三年半放手的無關宏旨瑣事，包括：取悅他人、不感興趣的各種機會、凡事務求正確的想法。我也拋開盲目追求生產力的心態。我欣然接受動態恢復和紓解身心，並且享受慢活人生。這一切將帶領我逐步實現當前追求的十倍成長。眼前十倍成長的過程聚焦於成為出色且深情的丈夫和父親、寫出十倍優質且更具影響力的暢銷書、財務自由十倍擴增。

這是我個人想要的事物；我真心不在意他人對這些目標的意見。但這並不意味我不聽取他人的想法，或敝帚自珍、不知變通，或是故步自封。這單純意味我企求自己渴想的事物。

這也適用於各位讀者。

我們理當基於自己希冀的標準和自由來選擇十倍成長的過程，並且專注於實現自己最想要的人生。我們無須證明自身夢想的正當性。

在每個十倍成長階段，我們理當專注於精通二成關鍵要務，和拋開八成使我們裹足不前的雜務。你理應堅持不懈地用出人意料的方式發展獨特能力。在每個十倍成長等級，你的人生將益加優質和自由，然而你捨棄的八成非關鍵事物不會消失，它們將以不同的形式存在。它們將誘使你，甚至迫使你，從十倍成長思維轉換到二倍成長思維，讓你持續困在無關緊要的事物裡，無法全心全意專注於二成關鍵要務。

現在請各位著手：

- 辨認自己昔日達成的五次十倍躍進。
- 確定每回十倍成長的時序並予命名。比如說，我的十倍躍進可標記為：參與教會服務任務（二〇〇六到二〇〇八年）、進楊百翰大學深造（二〇一〇年到二〇一一年）、結婚和攻讀博士學位（二〇一一年到二〇一四年）、擴增家庭成員和成為收入豐厚的專業作家（二〇一四到二〇一九年）、持續追求寫作上的十倍成長和情感上的轉化（二〇一九年迄今）。

- 闡明每次十倍躍進過程的二成關鍵要務，及各階段應擺脫的八成非關鍵事物。
- 當你反思十倍成長過程的關鍵要務時，應同時省思精通這些要務如何助你進一步發展獨一無二的能力。

請養成歸納先前十倍成果的習慣、定期地重新檢視你的成就，並進一步釐清來龍去脈。在探究和詳細闡述往日成果的過程裡，你將獲益良多，然後發揮更優異的能力來闡明未來的十倍躍進。維持收穫心態，你將獲得持續追求十倍成長、確保過程朝正確方向前進所需的動能、觀點和幸福感。我所謂的「正確」意指你最想要的十倍躍進，不是在社會、文化、社群媒體或任何人薰陶下，自以為需要的十倍成長。

收穫心態能支持你過自己希冀的生活，也有助於你珍視當下自我。你可依自己的心願持續推展十倍躍進，而你的幸福和價值不須十倍成長加持。擁抱收穫心態的人自然享有幸福和價值。持續企求十倍成長和獨特能力的徹底轉化，純粹是使既有的幸福和價值益發豐足。

正如一行禪師（Thich Nhat Hahn）所言，「**沒有通往幸福之道——幸福本身就是道。**」

請深深吸一口氣。

然後吐氣。

你已懷抱收穫心態。

你正做出驚人的進展。

你確實身在自己應處的位置。

以收穫心態評量自我使你能卓有成效地認清過往的框架，也使你的昔日成果更具體且可衡量——你將能實質地洞察與珍視已達到的一切進步和成長。你將看清自己甚至跟上週的自己判然有別。

省思自己的收穫和對進展賦予價值，你當下處於更佳的位置來前瞻思考自己下一階段想要的十倍躍進。在後面的段落，我們將深入探究兩個把下一輪十倍成長思維化的方法。

第一個概念稱為「適性函數」（fitness function）——它有助於你極具體地明瞭自己想要成為什麼樣的人。第二個概念是「夢想支票」（Dream Check），這是丹・蘇利文用來培訓創業家展望未來十倍成長的一項經典工具。運用這兩個概念能助你闡明接下來將專注的關鍵要務，以及將在何處發揮獨一無二的能力。

界定你的「適性函數」——你將成為自己專注的一切

「徹底轉化過往經驗為教訓，你將獲得理解和界定自身各項標準的最佳能力。你將明白什麼可接受、什麼不能接受，這是至關重要的知識。你創造種種強大的個人高標準過濾器，藉以確認延續哪些經驗最有助於成長。」——丹・蘇利文

在電腦科學和進化科學領域，適性函數旨在闡明特定對象的各種特質和估量值。簡而言之，適性函數闡發你的優化目標——你選擇的各項標準——和實現各項標準的適應或發展途徑。這事關重大。了解適性函數使你能更好地闡釋二成關鍵要務，以及自己下階段的獨一無二能力。它有助於你明確領會自己想要的事物，以及自身將經歷的成長和體驗的價值。

理解適性函數就如同看清飛機的航向和目的地。在足夠漫長的時間裡，即使是微不足道的方向偏移，也將導致重大的差異。縱然只是不足掛齒的偏移程度，在長時間內仍將造成你遠離預

定地點數百甚至數千哩。

德國著名飛行員迪特・郾希鐸（Dieter Utchdorf）據此原則來解釋一九七九年南極洲空難悲劇。當年失事的大型噴射客機載送二百五十七位乘客與機組員，從紐西蘭出發飛往南極洲觀光。據郾希鐸指出：

「無論如何，某個人在正副機長不知情的狀況下，將飛航座標角度微調了二度。這個誤差使得該機飛臨南極洲時，偏離到機師認為的位置東邊約二十八哩（四十五公里）上空。正副機長雖有豐富的飛航經驗，但都未曾飛過這條特定航線，當他們降低航高讓乘客賞覽風景時，並不知道偏差的座標導致飛機直接位於海拔逾一萬二千呎（三千七百公尺）的埃里伯斯活火山的路徑上。當飛機臨近火山時，山頂的白雪與天上的白雲融為一體，使兩位機師不覺有異。待儀器發出警報聲響，火山地勢已急遽升高，飛行員來不及做出反應。飛機撞上火山側邊，造成全員罹難。這是些微差錯釀成的可怕悲劇，關鍵就在於一些微小的角度誤差。」[17]

相同的道理，適性函數為你指引旅程終點的方向，同時也引導你走完過程、最終成為符合自己期望的人。即使是細微的方向和目的地微調，也將引領你成為截然不同於預期的人。在此過程中，種種細節至關緊要。你將擁有獨一無二的適性函數，因為對你來說，你最想要的事物，以及用來定義成功的各項特定標準，都是舉世無雙的。

經由確認自己的適性函數，你將明白應把能量聚焦於何處。你將清楚自己當全心全意專注的二成關鍵要務。你將領略自己獲致成功的時刻；你的各項目標和標準都是絕無僅有的。因此，用他人的標準或成果來衡量自己將徒勞無益，因為那不是你個人特有的自我完善目標。你的賽局與他人迥然有別……。

你的種種標準都與任何人大相逕庭；你的目標與眾不同；你的獨一無二能力和使命感也不同凡響；你不參與外在的競爭。用他人的成果和標準評量自己，肯定能達到平均水準或良好的程度，但永難臻至獨步天下、世界一流的卓越境界。師法別人將難以超越仿效的對象，正如別人效法你也無法超越你一樣。**做自己將是有生以來最需要勇氣、也最令人畏懼的事。**

我依然在學習這個課題，因為我常拿其他作家來評量自己。在近期一次對話時，友人、創業家暨人工智慧專家霍華．蓋特森（Howard Getson）提醒說，我的適性函數（自我完善的目標——獨一無二的能力和使命感）與其他作家判然有別。每位作家的目標截然不同，各自期望成為的人尤其千差萬別。

當然，我們可能都用書籍銷量等相同指標衡量自己的進展，然而書籍銷量並非我的主要適性函數，儘管它確實是我優化目標的一部分。我的適性函數與眾不同而且非常明確，你的適性函數也是如此。

你最終的目的是什麼？

你的自我完善目標為何？

你想把獨特能力發展到哪種程度？渴求獲得什麼結果？

你渴想增進和實現哪些標準？

闡明適性函數就如同確定具體標準那般純粹。適性函數愈明確，你愈能成為更專業、更細緻入微，且更富價值的人。你的行動力建立在自主發展的基礎之上，我們都將成為各擅勝場的人。界定自己想要的事物並把專注力導向它們，是我們責無旁貸的要務。

你以適性函數做為過濾器。它不僅能分離重要和無關緊要的事物，而且能過濾你看得見和選擇性專注力視而不見的事物。[18,19] 闡明你渴想的十倍轉化，然後運用適性函數過濾器應對世界。隨著時間推移，你將愈加致力追求十倍成長，而且將不只進一步優化和專門化，還將排除一**切無助於十倍成長的事物**。

以經濟術語來說，這就是**機會成本**；用進化或生物學術語來說，即是用進廢退。你不再察覺無法通過十倍成長思維過濾器的事物。你堅決地投入自我優化目標，日漸成為獨特的人。你不再看見、留意和聚焦於任何無助十倍轉化的事物。你專心致志的事物將擴增；你將創造更多自己專注的事物：你將成為自己一心一意想要成為的人。

對於全神貫注的事物，你將有細緻入微且具體的了解。就如作家羅勃特・清崎（Robert Kiyosaki）所說，「智慧是區分更精細差別的能力。」[20]區分「更精細差別」意味著對特定事物更細緻入微的了解。你愈專注於某事物，就愈能分辨其精妙入微的特性。以觀看足球賽為例，隨興所至的球迷和真正了解足球運動的人，看到的球賽將大異其趣。

懂球賽的人能從每個層面洞悉更多細微的差異和意義——**區分更精細的差別**。他們將看出一般觀眾不會察覺的、重要的微妙之處，例如：某個球隊的左截鋒（left tackle）究竟是先發球員或替補球員。對能做到精細區別的人來說，看似微不足道的細節甚至可能造成巨大的影響。

深入了解事理的人能條理分明地洞悉和領悟形勢，他們可看清即使是對渺小的個別部分做細微調整，也能帶給整體非線性的巨大變化。

這種層級的系統思考有個科學名詞稱為「蝴蝶效應」（Butterfly Effect）。最初發展此概念的人是數學暨氣象學家愛德華・諾頓・羅倫茲（Edward Norton Lorenz），據他闡釋，一隻蝴蝶拍動翅膀的輕微震動，可影響遠方一場龍捲風的確切生成時間和移動路徑。[21、22、23、24]

洞察更細緻的差別就如同區別高解析度和低解析度影像，也好比分辨登峰造極與卓越之間的差異。也就是說，你能精確地辨識更多細節。就研究和投入的程度來說，即是具有獨特切入角度和各種連結，不像一般人只停留於表象層次的看法。以開車為例：剛開始學習駕駛時，你會十分注意變換車道要打燈號等小細節。然而隨著經驗愈來愈豐富，你將能不加思索地同時做好各項動作。因為每一個別動作都已整合進全新的整體技能之中。

當我們檢視一個特殊情況——比如說車禍——老手駕駛將比新手駕駛領會到更多事情。新手駕駛對發生了什麼事及其成因，將只有表象層次甚至於不正確的了解。學習領域專家暨作家喬希·維茲勤（Josh Waitzkin）在其著作《學習的王道》（*The Art of Learning*）闡述了區分更精細差別、發展細緻入微的實用技能相關觀念。[25]喬希是西洋棋天才，年幼時就數度贏得全美西洋棋大賽冠軍。後來，他的興趣轉移到太極拳等多種武術，並且屢屢榮獲世界賽冠軍。

他把培養更精細區別能力稱為「縮小視域」（Making Smaller Circles），這是一個逐步拉近、放大學習對象的過程。你對某事物的了解和體驗愈深入，大腦愈能把你的理解與其他事物歸併在一起。心理學家稱之為自動化認知歷程（automaticity），也就是我們從有意識地做某事到下意識地精通此事的過程。[26、27]

就如喬希所闡述：

「倘若比較大師和專家（較弱但仍頗具實力的西洋棋手）的思維過程，多數人將驚訝地發現，大師有意識地思索著較少而非較多的事。儘管如此，大師的心智把有意義的資訊組織起來，能用較少的有意識思維洞悉更多事物。所以，他思慮不多，卻有極多洞見……現在請想像一下我和造詣較低的武術家競技。假設我運用涉及六個技術步驟的摔法，對手將體驗一連串突如其來、難以辨識的動作，而對我來說，那六個步驟只是龐大的記憶組塊（chunks）網絡的外緣。我們經歷的現實大相逕庭。我『洞悉』的遠多於對手所見……就經驗而言，在相同的時間單元裡，我的意識因思慮較少而存有數百個心智框架，對手則可能僅有少數的心智框架（其意識陷入過多且未內化為潛意識可取用的資訊泥淖之中）。我當下可在他甚至看不清的心智框架裡運作。」

這一切和十倍成長及闡明二成關鍵要務有什麼關聯呢？

毋庸諱言，身為人，我們都處於成為某個獨特之人的過程中。不論你設立了什麼樣的標準，你正持續為了某個目標完善自我——即使你並未善加定義或闡明自己的目的。你區分更精細的差別，並在自身專注的事物上發展專門知識與技能。然而，在容易分心的世界裡，許多人將耽溺於名人生活、電玩遊戲等隨興所至的事物。你理應擴展自身專心致志的事物；你對全神貫注之事發展更精緻的區別能力；你創造更多自己一心投入的事物；你日漸以獨特方式排除專注之事以外的一切。

人生首要目標在於使獨一無二能力登峰造極，從而盡可能完美實現自己的特殊使命與目的。這個過程將永無止境。這是最終不會「抵達」終點的過程，我們將持續不斷地在所有關鍵領域，以自己無與倫比的方式開創更高的自由價值與品質。

對自己想要的事物了解愈透徹，你的二成關鍵要務將愈加明確。你以全心全意投入的事物做為應對世界的過濾器。它將篩選你看見和看不到的一切事物。它也將映現你終將成為什麼樣的人。你將發展出極致的分辨細緻差異的能力，並對專注之事具備專門知識與技能。闡明十倍成長思維的過程務求可行的、明確定義的評量成功法（也就是你的「各項標準」）。你將確立自己的各項標準；你將達成十倍的自我轉化；你將成為無可取代、獨一無二的人；你將獲致獨樹一幟的十倍成長、成為更有價值且別具一格的人。

請你想一想：

- 你為何追求自我完善？
- 你最終想要成為什麼樣的人？想做什麼？
- 你想創立與實現哪些標準？
- 什麼樣的最低門檻——比如說客戶的等級或跑完馬拉松所需時間——有助於你在達標的過程中調適和進化？
- 你渴望具備何種出神入化的能力？希冀產生什麼樣的成果？

確立你的「夢想支票」

「想要富有，理應具備衡量的標準和槓桿。你須處於自己的績效能被評量的位置，否則付出再多也難以獲得更多回報。你還需要槓桿，各項決定應產生深遠影響……每個自力更生而致富的人都具備衡量標準和槓桿。我能想到的人都是如此，包括：執行長、明星、對沖基金經理、專業運動員。槓桿必然存有失敗的可能性。優點理當有缺點加以平衡，因此若有龐大的收穫機會，必然會有可怕的損失風險。執行長、明星、基金經理人、運動員全都面臨著時刻存在的危險；倘若擺爛，便會被淘汰出局。如果身處安全無虞的職位，將無法致富，因為若無風險，可以確定幾乎不會有槓桿可用。」——保羅．葛拉罕[28]

金凱瑞（Jim Carrey）年少時因家庭貧困，家人曾在停放於親戚家草坪的福斯廂型車上生活。但金凱瑞相信自己未來終將成功。在一九八〇年代晚期，當他還是沒沒無聞的喜劇演員且身無分文時，每晚開車到好萊塢山，俯視下方的洛杉磯市、想像導演們看見其作品的價值。

一九九〇年某個晚上，在鳥瞰洛杉磯市並夢想自己的未來時，金凱瑞開給自己一張一千萬美元的夢想支票，並在備註欄寫下「表演服務費用」。他填上一九九五年感恩節為兌現期限，並把支票塞進自己的錢包裡。他給自己五年好成為獨特能力價值千萬美元的演員。

在一九九五年感恩節之前，他因主演《阿呆與阿瓜》（*Dumb and Dumber*）獲得了千萬美元片酬。他為自己設立的標準極為明確。這些標準並非隨機發展而成，而是基於自己選擇的獨特能力和想要的成果、有著高度自覺且具體的標準。身為人與專業演員，他經歷了數回十倍躍進。他全心全意投入自己的夢想和使命，一再徹底轉化自我和獨一無二的能力。他成為演藝界真正的大師。沒有人能夠複製他的成功。

「夢想支票」正是丹・蘇利文培訓創業家的一種方式，他藉此幫助他們闡明自己下階段的十倍成長，以及洞悉自己應進一步發展哪個領域的獨特能力。金凱瑞運用了這個原則──寫給自己一張片酬千萬美元的夢想支票──從而成為他那個時代最特出也最成功的喜劇演員。

世上存有良幣也有劣幣。財務自由的關鍵在於品質。享有高品質的財務自由，你將可運用和進一步精進獨一無二的能力，以活力十足、最令人振奮、能讓你徹底轉變的方式生財。想像一下什麼事最令你感到興奮，而且最終能讓你自得其樂，據此為自己開立一張最高金額的夢想支票。你樂意免費做的事並獲得報酬，運用獨一無二的能力獲取報酬即是實現夢想。

假如你渴望自我和事業十倍躍進，那麼獨特能力事關重大。創業家若不能使特有的能力十倍增值和產生十倍影響力，整體事業將停滯不前、搖搖欲墜。此外，整個團隊將隨其陷於八成瑣事、無法激發活力，也無從發揮最佳實力。你的獨一無二能力益發進化，人們愈能賦予它更高的價值。

對獨特能力的投資愈多，你將愈頻繁地達成十倍轉化。特有的能力使你得以一再徹底轉化為最獨到、最富價值，和最忠於真我的自己。獨一無二的能力使你能夠創造無與倫比的財富與價值，而且其他人將樂意付出大筆金錢換取這些財富和價值。

夢想支票為你指引方向、幫你找到應專注的事和完善自我之道。它闡明你將全心全意投入的二成關鍵要務，然後你將對這些極特殊且細緻入微的事更加得心應手。

夢想支票將使十倍成長的過程遊戲化，使其成為樂趣無窮的一段歷險。夢想支票使你看清自己將發展的獨特能力，你將明白兌現金額龐大到不切實際甚或荒謬的支票，實際上不是異想天開。憑藉特有能力，你將了解這是全然尋常且自然的事情，即使當下看來還難以理解。

你將為自己開立什麼樣的夢想支票？

米開朗基羅接連獲得更宏大、更振奮人心的委託創作案，這些專案不僅讓他發揮獨一無二的能力，而且是具挑戰性又令人興奮的、進一步發展和擴大獨特能力的機會。我的夢想支票則是與適當的作者合寫出精準定位利基市場的專門書籍，從而獲得一千五百萬美元酬勞。這幾乎是我先前寫書報酬的十倍。

我將認真以對自己的夢想支票，並且自問：

「我應提供何種價值，才能讓合適的人理所當然地支付我一千五百萬美元，為其寫書或與其合作著書？」

老實說，如果我要得到認可、獲取一千五百萬美元的寫書酬勞，務必要滿足一些條件。為求合情合理，我創造的價值須達開價的五到十倍，也就是說理應締造至少七千五百萬到一億五千萬美元的價值。寫成的書務求帶給合作者或組織相應的商業定位與營業額。

倘若合作對象是出版商，我的著作銷量應衝上五百萬至一千萬冊，因為出版商賣出一本書的利潤通常只有幾塊錢。像歐巴馬夫婦這樣的名人能拿到六千萬美元寫書報酬[29]，是因其著作銷量預期能達到至少數百萬冊，出版商出高價是理所當然的事。

假如我與高端企業領導者合作，雖然只能售出數千冊書籍，但特定企業的專門化服務收費可能達數十萬，甚至於數百萬美元，而我的書能為其促成數十或數百筆服務，所以收取一千五百萬美元酬勞也是順理成章的事。

在此我們理應回到適性函數這個課題。丹始終鼓勵人們尋思：你想成為誰的英雄？請提出你個人版本的答案，好闡明自己的適性函數、二成關鍵要務，以及獨一無二能力的發展焦點。

不過，我們的第一要務是確立自己的夢想支票。支票金額估計為過去憑獨特能力完成專案所獲報酬的十倍。雖然數額龐大甚或不合理，但你最終將樂在其中，並將從而徹底轉化。

你應對自己提出兩個問題：

一、我理當提供什麼特有的價值，使人樂意付錢讓我實現夢想支票？

二、為讓人看清我的夢想支票合情合理、無庸討價還價，我的獨特能力理應具備多大價值？

為提供獨特的價值，我們須**十倍增進自己的獨一無二能力，並使其不同凡響**。不論將產生什麼樣的結果，你應當為渴求獨特價值者創造十倍價值。

你想要與誰合作？

你想和誰、為誰創造專門化的價值？

為求兌現夢想支票，你理應具有何種獨特能力？

你渴想創造和發展哪些技巧、能力和結果？

十倍成長的關鍵是更優質而非更浩大。因此，要兌現夢想支票，你理應以某種獨到且特殊的方式，達到十倍優質並創造更多價值，好樹立角色楷模。哪些二成關鍵要務——你全心投入以精進獨特能力的首要事務——能讓你徹底轉化、使兌現夢想支票成為自然而然的事？

如果你無法對「夢想支票」產生共鳴——也可以聯想某種特殊的攻頂經驗。舉例來說：你可能想要全家人一年到頭四處旅行，或在特定時間內完成超級馬拉松，或進行對自己至關重要的冒險，或締造其他宏偉成就。

關鍵在於，這能否促進獨特能力的發展、讓人生徹底轉化？

這是你最渴望、不論他人怎麼想都會做的事嗎？

本章重點

- 許多高成就者傾向於抱持落差心態，他們不斷用難以達到的理想衡量自我和各項經驗，以致覺得自己是個糟糕的、不成功的人，儘管他們成就斐然。
- 理想宛如沙漠帶的地平線，它們啟發你並為你指引方向，卻始終遙不可及。不論你朝地平線踏出多少步，它總是移動至你無法達到之處。理想就是這麼回事。在提供方向上，它們卓有助益，然而切勿用它們來評量自己。
- 收穫心態使你能卓有成效地評估自身的進展，並能把你的一切經驗轉化成更優質的學習、意義和成長。
- 持收穫心態的人只以先前的自我為基準，來衡量當前的進展，他們永不拿任何外在標準來評量自我，不論那是自己的或是別人的理想。

- 倘若活在落差心態中，追求十倍成長將變成自己和身邊人們的一場惡夢。首先，你無法確認價值或珍視自己一路走來的進展，因為你將一直拿不斷變動、難以達成的理想來估量自己。其次，落差心態將造成你與親近的人疏離，這將拖累你的人生，造成你們與成功無緣。再者，你將無法把所有經歷轉化為學習和成長，難以一貫地十倍優化自我和成為益發獨特的人。
- 人們傾向於極力規避損失，這使人對放手八成非關鍵事物感到痛苦。無論如何，當你從收穫的觀點適當地看待此事，將領會拋開那八成事物實質上是一大收穫！擺脫那些不再能助益你的事物，你就往前邁出了一大步！
- 我們應持收穫心態重新檢視過往的十倍躍進。我們能藉此闡明各不同階段的二成核心要務，以及應摒棄的八成無關宏旨事物。
- 經由省思先前的十倍成長，和「回顧過程看清全貌」，你首先將明白，自己已多次獲致十倍成長。你將對十倍成長習以為常，這有助於你認清自己未來仍能持續發揮十倍成長。此外，透過檢視每回十倍成長過程的二成關鍵要務，你將確認和珍視迄今不斷發展的獨一無二能力。
- 精確且有效地評量自身相較於過往的進展，能使你更全面地領會和重視往日的成果，有助於你釐清來龍去脈、更好地闡發未來——你最感振奮且準備達成的下一輪十倍躍進。

- 在思考下階段十倍成長時，有個稱為適性函數的卓有效用概念，它促使你尋思：什麼是你的自我完善目標？它闡明你想要達到的品質，以及你評量進展和成果的各項標準。你將轉化成自己專注於成為的人。
- 構思一下自己的「夢想支票」——某人未來將樂意給予你的十倍機會，因為屆時你將具有獨一無二的價值。
- 想一想，你需要何種獨特能力來兌現十倍夢想支票？

第五章 打造每年逾一百五十天「自由日」——擺脫傳統工作時間、安排關鍵契機、心流、歡樂與轉化時間

「倘若我們想要全心全意過日子，理應有意識地增進睡眠和玩樂，更別再把精疲力盡當成地位象徵。」——布芮尼．布朗（Brené Brown）[1]

在當今的知識型工作與數位世界裡，傳統的朝九晚五工作時間極不利於發揮高生產力。我們不難從一般人的平庸表現、依賴提神飲料、缺乏投入熱忱，以及多數人痛恨工作的事實，看出這個顯然的道理。

十倍成長的創 業家懂得擺脫榨乾能量的上班時間模式。二十世紀初不具彈性的工作模式，至二十一世紀仍被公共教育體系用來訓練學生。當學生們完成學業後，多數投入於採行相同時間模式的企業任職。

計量的時間模式著重使員工忙於瑣碎的工作，不注重創意、創新和成果。正如賽斯・高汀所闡釋，「我們每年訓練出數百萬名粗製濫造的工人，讓他們依照一九二五年的方式從事勞動。」[2]

要達到十倍躍進，須講求時間的質而非量。愛因斯坦的相對論實際上也是以此為基礎，且其時間觀比過時的、機械的牛頓模型更精確。牛頓不精確的時間觀認為，時間是抽象、穩定、線性的——固定不變地從過去流向現在和未來。牛頓也把時間視為絕對的，這意味著每個人、每處地方、每種處境中的時間均如出一轍。你我的二十四小時並無二致。[3]

愛因斯坦的相對論和現代心理學與神經科學研究，打破牛頓的時間觀，提供了更引人入勝的、變革性的時間觀。依據愛因斯坦的看法，時間是主觀、非量化、非線性、具彈性、非固定不變的。簡而言之，不同處境下的時間判然有別，每個人的時間觀各有千秋。[4]

任何兩個人不會有相同的時間經驗，你和我的二十四小時迥然不同。時間基於物體在空間中朝特定方向移動的速度與距離而變動。一個物體移動速度愈快，則相對於其他物體，其時間流動得較慢。在空間中加速度移動的物體經歷的時間減慢稱為「時間膨脹」（Time dilation）。在特定時間內體驗得愈多，表示行進得愈快，時間愈發延滯。就如創業家暨創新家彼得・迪亞曼迪斯（Peter Diamandis）所說，「你前進得愈快，時間過得愈慢，人生便愈長久。」

在十九世紀最初十年，曾有許多拓荒者花費八到十二個月，拉著手推車從美國東岸橫越平原走到西岸。如今，我們可搭乘飛機以四到六個小時旅行相同的距離。因此，我們的時間基本上膨脹了數千倍。古希臘有兩個與時間相關的字，其英譯為：kairos（關鍵時刻）和chronos（量化時間）。[5、6] Chronos意味著依序發生的連續時間，Kairos則指具重大意義的事件發生的關鍵時刻。**量化時間的本質是量；關鍵時刻的特性則是質**。關鍵時刻意味著合宜或恰當的時機。許多哲學家和通靈論者將其稱為「深度時間」（deep time）或是「活力時間」（alive time）。在關鍵時刻，世界似乎全然停止運轉。此時我們可能經歷漫長的深呼吸，彼此分享歡笑、五彩繽紛的落日美景，或體驗到勇氣。這是質的時間，你活在當下、超脫任何計時工具或是曆法的束縛。

轉化在此時發生；進展或意義亦於此刻萌生。當你欣然接受相對時間，你不再區分過去、現在和未來。你擁有整體、具彈性、可轉變的時間，而非線性的、連續的時間。[7] 誠如愛因斯坦所說，「像我們這樣信任物理學的人了解，區別過去、現在與未來只是固執地堅持一種假象。」[8]

倘若你處於關鍵時刻，將能發掘更高層次的存在與連結方式，和獲得更高等級的啟發。假如你處於量化時間之中，時間將不斷流逝。你將陷困在疲於分析造成的不知所措狀態之中，或是忙忙碌碌卻徒勞無功。

芝加哥大學教授暨神學家威廉·史威克（William Schweikert）將關鍵時刻描述為「我們能基於人道目的發揮的最大力量或任由希望與理想被吞噬的時刻。」[9] 不論你是否意識到，量化時間總是川流不息。而要體驗關鍵時刻唯有全然沉浸其中。愈常活在關鍵時刻裡，便愈能進入心流狀態、享有更多峰值體驗。你將感受更多的驚奇、經歷更多的自我擴展、領會更多的意義。你在若干關鍵時刻中的進步和轉化，將遠超越畢生量化時間所能達成。

本章後續內容將教你如何從質的層面探索時間。你將精通丹・蘇利文多年前發展出以關鍵時刻為基礎的時間系統。丹運用它來幫創業家擴展和轉變時間經驗，及獲致時間自由。你將領悟如何在一天裡達到勝過先前十年的自我轉化。你的時間將漸趨緩慢，歲月將更加靜好，你將更進一步活在當下。你將在遠不那麼忙碌的情況下，更快速地推進自己的十倍夢想。

在關鍵時刻中，你將更上層樓；在量化時間裡，你將庸庸碌碌。

讓我們著手學習吧。

想要績效十倍躍進，先把時間分成自由日、專注日、緩衝日

「多數人的時間系統沒有界限。創業家多半認為，只要有商機，一年之中任何一天都可以是工作日。這樣的心態實際上保證，他們對工作的偏愛總是勝過生命中其他事物和所有的人。而當你依據自由日、專注日與緩衝日這個創業家時間系統來安排時程，你將享有履行一切個人承諾與專業承諾的自由。」——丹・蘇利文

丹在二十多歲時曾是一名娛樂大眾的演員。他學習到，表演者日復一日被指派完成的不同任務。在演出日，他們戮力以赴並投注百分之百的活力於表演，不論是戲劇演繹、電影場景的拍攝，或體育賽事的表現等，都是如此。

表演者在工作和時間的每個層面，必須使其演出不斷增值。隨著演出者技藝不斷精進，酬勞將呈指數型成長。這是他們的獨一無二價值與表演的報酬，而非對其付出的時間和努力的補償。丹發現，對表演者來說，有三種根本性質有別的日子可開創更高的演出價值：

一、演出日；

二、練習日或排演日；

三、復原活力日。

在練習或排演的日子裡，表演者們磨練技藝以賦予表演日益增進的價值。美國國家籃球協會（NBA）球星艾倫·艾佛森（Allen Iverson）曾被記者質疑不參與團隊練習而氣惱反問，「我們在討論練球嗎？」是的，艾倫，我們在討論這個問題。

充分利用練習機會做好準備的人，在上場演出時能展現引人入勝的成果。而不勤於演練的人，其表現將每況愈下。請思考一下丹佛金塊隊中鋒尼古拉·約基奇（Nikola Jokić）和洛杉磯湖人隊中鋒安東尼・戴維斯（Anthony Davis）這兩位職籃球星的差異。

在二〇一九到二〇二〇年球季，他們兩人都名列NBA十大球員排行榜。金塊隊和湖人隊在季後賽對戰時，戴維斯的表現全然勝過約基奇。湖人隊擁有壓倒優勢贏得當年總冠軍。那時戴維斯的球技顯得如日中天。然而，僅僅兩年之後，約基奇的球藝精進到不可思議的程度，而戴維斯的退步則令人難以置信。約基奇在許多方面發展出先前未及的能力，在射籃及防守能力均與日俱進。他原已是世界頂尖球員之一，此時更達成重大躍進、臻於更高的效能等級。他使我們認清，不論自己多麼優秀，只要運用十倍成長，還能進一步提升許多層級。

反觀戴維斯顯然囿於二倍成長思維、被八成非關鍵事物束手縛腳。在湖人隊贏得NBA總冠軍後，戴維斯未持續善用關鍵時刻的潛在力量，他不再投入更多的練習、把握出賽及復原活力的時機來發揮槓桿效用。他因屢屢負傷而困擾不已，而且苦於缺乏動力。

他的量化時間快速流逝。他在關鍵時刻的進展漸趨停滯。當你不復長足進步時，將感到光陰似箭。時光飛逝，而你沒有任何實質的進展。相反地，當你達成重大進展且逐步轉化時，時間將膨脹並且慢下來。你一年間的進步將勝過十年尋常努力的成果。在關鍵時刻，你的運作法則迥異於過著量化時間的人們。你使他們望塵莫及。

身為演出者，只要善用練習和恢復活力的時機，將日漸在表演時展現珍稀的品質與價值。你的高品質時間將轉化為高品質的獨特能力和表現，從而綿延不絕地在自由、財富、人際圈和目標四方面達到十倍躍進。喚回活力意味著「變年輕、重新獲得元氣」，關鍵在於使自我、熱忱、興奮感和雄心壯志重新生機勃勃。

新加入策略教練課程的創業家多數採行朝九晚五的工作時間模式，以至於馬不停蹄卻勞而無功。他們過於留意事業上的一切事物，而且在團隊管理上做得太過頭。他們活在量化時間裡，未能推動重大進展，頂多只能獲致二倍成長。他們抱持線性時間觀孜孜不倦，無法騰出時間全神貫注於實現自己的願景、發揮創意和締造成果。

丹致力幫創業家轉換到重質、非線性的時間觀，使其在關鍵時刻專注地用更少的時間和努力，創造出日趨高效的成果。為創造十倍的非線性成果，創業家必須徹底轉化自己。丹鼓勵他們像世界一流的表演者那樣，提升時間效能和分割時間，好進一步優化績效。

我們的目標在於，用相同的工作量獲取日益豐厚的報酬。假以時日，每天賺五百美元的創業家，將可躍進到日收五千美元、五萬美元，甚至逾五十萬美元。

請想一想：你是否在工作時間不變的情況下，將最佳表現的價值和價格提升十倍？

若想讓表現的品質與價值躍進十倍，理應徹底改變時間觀。沿襲十九世紀工廠工人的時間觀必然行不通。披星戴月無助於你成為獨步寰宇的創業家。你理當採行重質的、非線性的時間體系，使自己愈發有餘裕來徹底轉化自我、觀點、願景、洞見和各種關係。

丹以下列方式重新框架演出者的三種關鍵時刻：

一、自由日（喚回活力日）；

二、專注日（表演日）；

三、緩衝日（組織和準備日）。

自由日原則一、以恢復活力為第一要務

在一年之初，芭芭拉的二成關鍵要務是為丹的行事曆填滿所有自由日（一百八十天）。這些自由日沒有討價還價的餘地。沒有任何事能阻礙丹使自己煥然一新。愈成功的人，愈應把復原活力擺在第一順位。研究顯示，喚回活力是進入心流狀態和增進高績效的基本要件。[10、11、12、13、14、15]

舉例來說：雷霸龍・詹姆斯（人稱詹皇）每年對自己身體的投資高達數百萬美元，因而在籃球史上比任何球員更長久地保持出類拔萃的水準。眾所周知，他每天至少睡八到十個小時，還常睡超過十二小時。提摩西・費里斯曾專訪詹皇及長期（逾十五年）幫他訓練和回復活力的專家麥克・曼西亞斯（Mike Mancias），提摩西的第一個問題聚焦於麥克如何幫雷霸龍喚回活力：

「麥克，我很想深入探究恢復活力和防免受傷的方法……據我所知，詹皇可說是籃壇獨角獸，職籃生涯已出戰五萬分鐘，多數球員在累積四萬分鐘後即達到極限並開始走下坡，然而詹皇沒有像眾人預期那樣衰退。所以，麥克，或許你能為我們闡明箇中原因。你運用什麼工具和方法來幫球員於賽間喚回活力？」[16]

麥克回答說：

「所有訓練師、治療師和任何菁英運動員都應銘記在心，絕不可停止復原活力。這是永無止境的事。不論雷霸龍每晚上場幾十分鐘，第一要務始終是持續喚回活力，這包括：補充營養和水分、做更多伸展運動與負重訓練。實質上，這是無止無休的過程。我認為，這是我們獲致成功、使頂尖運動員職涯可長可久的必要方法。」

不斷回復活力是保持嶄新狀態、發揮最佳潛能、維繫長久的職涯與人生的關鍵。職業心理學當前有個蓬勃發展、稱為「心理抽離」（psychological detachment）的研究領域，其主要課題聚焦於工作後回復活力的重要性。[17、18、19、20] 當我們完全停止工作相關活動，在非工作時間擺脫種種難以釋懷的想法時，真正的心理抽離將會發生。

研究人員發現，在工作上具有心理抽離經驗的人：

- 較少出現工作相關的疲乏和拖延症。[21]
- 當工作時，尤其是在高度耗時費力的工作期間，他們的心理健康和投入度（活力、奉獻精神、心流）均有所增進。[22]
- 即使工作繁重仍有較高的婚姻滿意度。[23]
- 整體生活品質得到提升。[24]
- 擁有優質的精神健康。[25]

倘若你從未有過心理抽離經驗，則體驗不到巔峰狀態。全心全意投入工作並進入心流狀態的能力，與全然抽離工作並解放自己的能力成正比。**專心致志是收斂的過程；回復活力是擴展的過程**。

為進入心流和達到高績效，理當致力復原活力，從而觸發心流、使自己煥然一新。[26]例如：雷霸龍不會只是坐在沙發上恢復活力，雖然我確信他常這麼做。他還會接受按摩、穿壓力襪、泡熱水澡、洗三溫暖、做冷水浴、進行其他各種療法。一事如此，諸事皆然。倘若你想達到十倍成長的優質心流和高績效，你將需要喚回十倍優質和積極的活力作為。

十倍成長思維的關鍵在於質而非量。衡量一切事物品質的種種標準理應與時俱進。你的飲食和營養的品質、睡眠與生活環境的品質、活力復原的品質、各種體驗（包括：峰值體驗和純粹為了樂趣和產生連結的新經驗）的品質都須逐步進化。

治療與復原的終極形式是健康和親密的人際關係。我們應與最重要的人開創更富意義且更讓人樂在其中的連結方法。鑒於我的工作多半從事心智和人際層面的活動——閱讀、對話及寫作——重訓與健行等體力活動，對我來說是極佳的回復活力方式。這不僅使我的大腦得以休養生息，也能促進腦部血液循環。在積極地復原活力之後，我的工作品質總能漸入佳境。

自由日原則二、更高的風險意味著你需要更多的空間

隨著日益成功和持續精進，喚回活力日趨重要，因為你在更高層級做成的種種決斷，將產生十倍甚至萬倍於先前各項決定的影響力。誠如納瓦爾．拉維肯所言，「在槓桿無窮無盡的時代，判斷力是最重要的技能。」

你的行動具有愈多槓桿效用和影響力，就愈需要判斷力和洞察力。面對艱鉅且複雜的挑戰

或機會時，我們需要更強大的腦力、更充裕的時間、更長的醞釀期，用以發揮明智的判斷力和思維力。倘若你總是忙碌於工作，將難以做到這些。

埋頭苦幹只能獲致二倍成長。在汲汲營營之際，時間飛快流逝，而自我的轉化卻微不足道。研究人員發現，僅有一六%受調者於工作時展現富創意的洞察力。[27]整體來說，人們萌生形形色色想法時，通常身處家中，或在通勤路上，或正從事休閒活動。三星半導體副總裁史考特・彭堡（Scott Birnbaum）指出，「當你坐在電腦螢幕前做事時，不會蹦出最具創意的點子。」

直接處理工作之際，你的心思將專注於解決手上的問題（直接省思）。相反地，在非工作時間充分地復原活力時，你的頭腦將輕鬆自在地神遊四方（間接省思）。

當開車或休息時，環境中的外在刺激將激發你潛意識裡的種種想法，例如：身邊的建築物或風景。你的心思將神馳於過去、現在和未來的脈絡之間，大腦將把各種點子和正試圖解決的問題連結起來，從而發現解決之道。

創意與創新的關鍵在於促成各式獨特的關聯。這涉及擁有時間和空間才能發生的新穎有趣想法、間接省思與醞釀過程。誠如大衛・林區（David Keith Lynch）在《大衛・林區談創意》（*Catching the Big Fish*）書中闡釋，各式構想和機會就如同魚一般。[28]我們若停留在水面，將只能留意到小魚。唯有深入水中，方能捕獲大魚。

忙忙碌碌的人總是滯留於水面。我們需要更多的自由和高品質的時間來發現種種創意，我們需要充裕的時間休息、放鬆和敞開胸懷。喚回活力必不可缺。當你完全抽離繁忙的工作，能收放自如地思考——擴展願景和激發新點子等——最優質且最富創意的想法將隨之生成。

這是比爾．蓋茲（Bill Gates）產生諸多奇思妙想、帶領微軟公司在一九九〇年代和二十一世紀初達到指數型成長的方法。他為自己安排「思考週」，然後持續數週全然不與任何人聯繫、不使自己分心，並堅持不懈地閱讀許多文章和書籍。[29] 接著，他思索、反省、默想、構思，最終獲致不可思議的創意和突破。

這涉及選擇少數幾個能進行腦力激盪的人，對於思維與構想的疊代過程是不可或缺的。誠如丹的教誨，「行程安排緊湊的創業家難以達成自我轉化。」要獲致十倍成長，我們理應採行探索和開發兩種方式雙管齊下。

我們在自由日進行探索。此時我們擺脫焦慮和工作壓力，並且擁有自由和開放心態來鬆弛自己、進行思考與摸索。我稱之為喚回活力的心流，或是關鍵時刻的活力復原。探索的關鍵在於經由閱讀書籍或研究自己專業以外的知識來學習新事物。此外，藉由探索，我們也能洞察種種超越當前事業的新機會。你試驗和探究最終將決心投入並開發的新領域。

我們於專注日進行開發。此時我們進入聚精會神的心流狀態，或關鍵時刻的專注狀態，並且逐步做好事情。我們心無旁騖地完成全心全意投入的重任。你給予自己更多餘裕來喚回活力、思考和創新，從而提升時間的價值。在其他人於量化時間裡庸庸碌碌、一事無成之際，你徹底地轉化自己。

擁抱十倍成長思維的創業家能領略這個道理，而抱持二倍成長思維的創業家則不然。二倍成長思維認為，理應先做好周全的準備、等到完美的團隊到位之後，才能開始減少自己的工作時數。在僅有三名員工的時期，丹和芭芭拉就每年安排一百八十個復原活力日。在這些自由日，團隊無論如何都不會和他們聯繫。雖然這有違直覺，但為了獲致十倍成長，我們必須做得更少而非做更多。

記住了，十倍成長比二倍成長輕而易舉；十倍成長的關鍵在於創新和成果，以及重質的、非線性的時間觀。

自由日原則三、團隊須自主管理否則難以成長和進化

增進自由時間不光是為了你自己。從工作上釋出更多自由時間，你的團隊、流程與系統將隨之優化。多數創業家太晚學會這個道理：直到你抽離之後，才開始領悟到自己的團隊多麼出色。倘若你堅持不懈地管理團隊成員，他們將永難體會自己有多麼傑出。

經由放手和抽離，你的團隊將不斷進化、當責不讓，並且學會自主管理。打造自主管理的

公司是達到十倍成長的基本條件。誠如丹的闡釋：

「自主管理的公司不可或缺的要件是擴展時間自由。你們擁有愈多自由時間來全心全意專注於令人著迷、激勵人心的事物，公司便愈能成長茁壯。」[30]

假如過度忙碌於應對日常事務，你的公司與願景將難以十倍成長。十倍成長要求你具備十倍優質的構思與創意，而這源自深度地沉浸於心流狀態和喚回活力。倘若你始終忙於工作，即無法聚精會神進入心流狀態。然後過於懼怕對團隊放手，導致過度管理，你實質上將拖緩團隊成員和自己的成長。你將妨礙他們自主決斷，同時也阻撓自我進化。

你理應抽離並讓團隊成員自己掌舵，不再扮演駕馭團隊的角色。如果不放棄這個角色功能，你自己、整個團隊和公司將只能獲致二倍成長。本書第六章將聚焦於如何成為變革型領導者，並將闡明如何打造自主管理、自我擴展的團隊。

專注日與緩衝日——著眼於十倍轉化和成果來安排生活的方法

長年以來，丹排定的專注日和緩衝日十分均衡，始終各有約九十天與九十五天。無論如何，當日益運用成事在人的力量[31]並擴增其團隊，每年約一百五十天的工作日多數成為他的專注日。在專注日，丹教練創業家學員、創造新的工具和模範、與人協作播客節目及其他專案。他的團隊也日漸接手處理各項籌備工作。即使如此，緩衝日依然極其重要。丹每年仍安排約三十五個緩衝日，用來與團隊開會和推行組織和規畫方面的任務，藉以使所有人協調一致並彼此產生連結。

每個人對專注日和緩衝日的安排將各有千秋。緩衝日可用於籌畫或組織，這包括與主要協作者會談、和顧問或教練合作、與團隊開會，及準備將在專注日用到的筆記或各種資源。相反地，專注日的關鍵在於創造成果。在專注日，創業家全神貫注地投入二成最能發揮影響力的關鍵要務。專注日理應用於報酬最高、將隨獨特能力十倍提升而增進的活動。

著眼於最大的收益來安排你的專注日和緩衝日：務求工作週達到高績效，並且把各項類似的活動和會議安排於同一天。不斷穿梭於迥異的任務之間將難以達到高效率，例如：從創意工作轉換至行政工作。

別再忙得像無頭蒼蠅一樣。與其試圖在每個工作日進行多種不同任務，不如只專注於特定工作。在工作日結束前開會，會後你將無法克制地持續思考會議中提出的問題，這會影響你後續做一切事情的效率。分心讓你難以在專注日進入聚精會神的狀態。如果非得開會，理應把各項會議固定安排於一、二天之內，而且把每週大部分的工作日留給最重要的工作。

對我來說，這是巨大的改變。昔日我在每個工作日都有多場會議，如今我只在週五開會，而且鮮少有例外。我週一到週四都不安排會議，因此有自由的時間聚精會神地寫作、學習、思考、與重要人士產生連結，以及做自己想要的任何事情。

你的行事曆和角色功能，將與身為作家的我南轅北轍。你的獨一無二能力和十倍目標也與我大相逕庭。但前述原則都適用於你。請把類似的活動和會議集中安排於同一天。別讓一週裡每天都有會議。把更多日子用來做最優質的工作和十倍精進你的專業技能。如此，其他人將對你在短期內的徹底轉化和進展感到難以置信。

多數人沒給自己足夠的時間與空間，好十倍增進心流和專業能力。他們抱持二倍成長思維，受困於八成非關鍵事物之中，而且在線性的量化時間模式下，過著忙碌的生活。美國國家美式足球聯盟費城老鷹隊（Philadelphia Eagles）四分衛杰倫・赫茨（Jalen Hurts）是善於把握關鍵時刻的傑出範例，因而能在短期內使自己的球技和戰果十倍躍進。他是不折不扣的十倍級別人物，日後可能成為聯盟最出類拔萃的四分衛之一。

在二〇二二年十一月寫作本書之際，國家美式足球聯盟二〇二二年至二〇二三年球季已邁入第九週。杰倫進聯盟已三年，而且是第二年擔任先發球員。老鷹隊當時所向無敵，杰倫更是領先群倫的最有價值球員（MVP）候選人。

體育主播柯林・考赫德（Colin Cowherd）在最近一次訪談詢問超級盃前冠軍隊四分衛川特・迪爾福（Trent Dilfer），「杰倫・赫茨有何特出之處？」川特回答說，

「他獨自默默地下了許多功夫。我記得杰倫・赫茨十七歲時就已像二十五歲的人那樣成熟。他是位老練穩重的年輕人，而且極其任勞任怨，更格外勤練基本功——沒人給予讚賞的、乏味單調的技能訓練。他不會把過程上傳到Instagram或推特，也不會稱讚自己『非常努力』。他只是著手去做，好使球技更細緻入微。他研究訓練過程的影片來提升技能。他閉關修練，因為外界有太多令人分心的事物。他多金又享有盛名，卻毅然潛心苦練、力求知己知彼、努力增進球藝的每個層面。我曾和四分衛教練昆西・艾佛里（Quincy Avery）談論杰倫在賽季之間的訓練方法。他說杰倫拒絕種種奢華的生活方式，因而能夠更上層樓。我們正見證他的努力成果。他的球技高超且不同凡響。他在國家美式足球聯盟裡，是個真正出類拔萃的四分衛。我向他致敬，因為他是貨真價實的超級巨星，從去年到今年，進展一日千里。」[32]

杰倫・赫茨證明，憑藉認真的專注和投入，顯然能在短期內全面提升自己，並成長到不可思議的水準，甚至能達到聯盟球員的最高等級。然而，抱持二倍成長思維則無法辦到。你務須擁有十倍未來願景，然後堅持不懈地追求自我轉化。你理當愈發活在關鍵時刻，從而達成十倍躍進。在關鍵時刻專心致志，以及在關鍵時刻復原活力，這就是生活之道。

你當開創更大的開放空間來進行深度工作。為使自己的事業達到十倍優質，你須採行創業加速器 Y Combinator 共同創辦人保羅・葛拉罕所稱的「創客日程表」（Maker Schedule）。[33] 格拉漢闡釋說：

「日程表有兩種，一種是經理人日程表，一種是創客日程表。經理人日程表是為老闆擬定的。它體現於以一小時為單位的傳統手帳。這種日誌預設我們每小時變換所做的事情，如果有必要，也可把數個小時撥給一項任務。當你以此方式運用時間，安排與人會面就得視實際情況而定。你必須在行程表裡找出空檔時間，然後寫下來完成預約。然而，還有另一種運用時間的方式，常見於程式設計師、作家和表演工作者等創客。他們通常偏好以至少半天當成一個時間單位。畢竟很難在一個小時內寫好一個程式。一個小時甚至不足以做好著手前的準備工作。當你依創客日程表運作，安排會議將成為一場災難。把一天分割為兩個半天，那麼排定一場會議將毀掉半天的計畫。這兩種日程表各自都能良好運作。然而當二者碰在一起時則將出現問題。」

提摩西・費里斯建議我們，在力圖化解重大挑戰或從事創作時，應創造一些至少四小時的時間塊。[34] 倘若你企求十倍成長，理當使時間不再支離破碎。你需要更多完全開放的時日，以及更多至少四小時、不被任何會議或分心事打亂的時間塊。

我要進一步建議，在關鍵時刻做重要的工作：不僅要開創更大的時間塊來從事探索和開發，更要時時向外擴展。你務須安排專注週與復原活力週，以及專注月和回復活力月。你逐漸挑戰那些需要高度專注力的更大型專案。你也騰出數週或數個月拋開工作，進行關鍵時刻的喚回活力與探索活動，從而達到自我拓展和轉化。

做到關鍵時刻聚精會神和關鍵時刻復原活力，將使你在短短一年內，體驗數十年才能獲致的經驗和成長。這是在他人的時間加速流逝之際，使自己的時間慢下來的方法。你從而展現真實的自我、發展極致的獨一無二能力、創造他人永難想像的事物。你使汲汲營營、三心二意、抱持線性的二倍成長思維的人望塵莫及。

另一關鍵是，追求十倍成長，切勿抱持經理人心態。經理人不渴望十倍成長。你應成為有遠見的、不拘泥於管理的變革型領導者，更要打造能夠自主管理的團隊。每天的個人目標（為進入心流狀態而設立的重要目標）不宜超過三個。

美國前總統德懷特．艾森豪曾指出：

「問題可分為兩種：一種是急迫的，一種是重要的。急迫的問題總是不重要，而重要的問題始終不急迫。」

你的二成關鍵要務、獨一無二能力事關重大但並不急迫。八成非關鍵事物急迫卻不重要。然而，此刻你可能仍在擔心八成無關宏旨的事物。在規畫日程表時，我們應著眼於進展和效應，切莫讓自己忙碌不已。我們理應注重質而非量。如果待辦事項清單裡有十個事項，你將難以深入處理好每件事情。你將無法發揮十倍成長。

我們每天追求的重大成果不宜超過三個。當獲得三個重要成果，並且確認三者都屬於十倍成長而非二倍成長，即可結束一天的工作，然後去慶祝和喚回活力。我們也要確保對時間做了最高效的運用而且樂在其中。

研究顯示，進入心流狀態有三個基本前提：

一、各種明確且特殊的目標；

二、立即的回饋；

三、專案的挑戰或風險超越我們既有的技能或知識水準。[35]

確認每天的三個目標明確且特殊，好讓自己清楚應專注於什麼。它們應獲得某種形式的回饋，用賽斯・高汀的話來說即是，「你的工作與外在世界之間的碰撞。」[36]回饋將帶來後果，接受直接且優質的回饋需要具備勇氣和發揮脆弱的力量，你必須全然坦誠以對。獲取回饋具有風險，然而這只發生在你堅持自己永遠正確、尋求回饋來加以證明的時候。

最後，你的三個目標應超越既有知識和技能水準，如此你將鼓足勇氣堅決地致力於增進知識和技能，從而達到自我成長和自我轉化，並發展出新的能力與自信（回想一下丹的4C）。這是使自己日益優質的方法。

當三個目標完成時，應完全從工作中抽身、積極地復原活力。切勿超時工作，除非是迫於最終期限。勇往直前，去達成你的核心目標。然後，在目標完成時抽身。全然從工作中抽離，進入超脫一切工作的心理狀態。積極地復原活力並擴展生活中其他重要領域。一事如此，諸事皆然。假若你在一個領域達到十倍成長，也將在人生其他重要領域獲致十倍躍進。請專注於「重要的」事物。

藉由最單純的晚間慣例來促進自我轉化。在《收穫心態》這部著作裡，丹與我以一整個章節談論如何掌握一天中最後的時光，因為這通常是一天裡最能發揮影響力的時候。[37]

一天的最終時光將決定你的睡眠和翌日的品質。逾九成的人晚間陷入不健康的習慣，在隨意瀏覽網路等活動上消耗自己。[38]為了獲得十倍高效的睡眠，在就寢前至少應把手機設定三十到六十分鐘的飛航模式。然後拿出日記本，用三到五分鐘寫下當天三項勝利成果。那可以是任何形式的學習成就或是各方面的進展，即使不是計畫裡的事物也無妨。

把這一天框定為「勝利」日（我們都想以勝利的框架來看待整個過去）之後，選擇你隔天想要實現的三個目標或「勝利」。祈禱或冥想，然後專心致志於睡眠。對於能夠充分休息，我們應感到幸福。

本章重點

- 公共教育體系和傳統企業結構是奠基於量化、線性的時間模式，其聚焦於忙碌工作和戮力以赴，而非專注於心流、創意與結果。
- 為求十倍成長，理應採用重質、非線性的時間觀。
- 表演工作者善用優化的時間塊，以利將益發富價值的演出發展至爐火純青的境界。
- 為達到十倍成長，理當採用表演工作者的高績效時間模式，聚焦於質而非量、專注於養成更優質的專業技能，這涉及區分高度專注日、緩衝日和復原活力日。
- 獲致愈多十倍成長，喚回的活力愈多，騰給創意、鬆弛身心、享受樂趣、與人連結的開放時間塊也愈充裕。

- 無畏地為每年、每月、每週規畫自由日。當你做得更少而達到更多更優質的成果時，將對自己感到驚喜。
- 「做得更少」是賺更多錢和達到十倍成長的基本要件。
- 打造團隊的目的之一在於解放自己，當你的公司朝自主管理進化時尤其如此。
- 直到從中抽身之後才能領會你的團隊多麼出色。同樣地，直到你讓團隊自主管理之後，團隊成員方可明白自己何等傑出。
- 為自己安排心流和高績效週。把類似的活動（例如：各項會議）集中排定於同一天。每週應空出數天不安排任何行程。
- 採用創客日程表，把大量時間塊運用於深度工作與創新。這是達到十倍優質的方法。在更高的層次進入專注——心流與復原活力——心流。不只要規畫專注日和自由日，也應排定專注週和自由週，以及專注月和自由月。
- 當你完成三項重大目標時，應停下工作。切勿沒必要地超時工作。忙碌不已和具有生產力是兩回事。請抱持收穫心態、摒棄落差心態。
- 優化晚間例行事項，以增進睡眠品質。
- 運用丹的時間系統。若需額外的資訊，請造訪這個網址：www.10xeasierbook.com

打造自主管理的公司——從微管理者進化到變革型領導者

「使自己不再成為公司發展瓶頸後，利潤增長了四成。當你不能以工作為藉口讓自己過度活躍並迴避重大問題時，到底該做什麼？很顯然你應感到害怕，更應控制好自身的處境。」——提摩西．費里斯[1]

在二〇一七年初，蘇珊．琦秋（Susan Kichuk）長達一年的充電休假已進入第五個月，此時她意外接獲一名獵才顧問來電。

這位獵才顧問對一項特殊求才任務掙扎不已，因為那是他歷來見過最獨特的職位描述。他告訴一位友人，這麼特別的工作絕難找到適當的人才。而他的朋友立即想到蘇珊，並且居中牽線。

問題是，蘇珊並無意求職。從二十多歲取得商業管理博士學位到養育小孩，再加上為多家大型組織的建構與擴展奉獻逾二十五年，她已馬不停蹄地勞碌近三十年，忙得焦頭爛額。

先前十七年，她擔任一家全球性組織的資深主管，職責在於促進組織的發展，確保無止無休的高度優先專案順利完成。在獵才顧問說明職缺的獨特之處後，蘇珊對其引人入勝又激勵人心的展望十分驚異。她深感興趣，想要立即展開工作，於是提前結束了充電休假。

求才的企業是人壽保險經紀業者定向策略有限公司（Targeted Strategies Limited），主要奠基於卓越的創新構想。當時該公司年營收達數百萬美元，然而其營運模式並非可長可久。它的執行長暨創辦人賈奈特・莫里斯（Garnet Morris）已江郎才盡。他深知，需要一位妥適的人才來經營和改造公司，才能締造十倍成長。

面試前，蘇珊通過了一系列考驗，並成為少數幾位侯選執行長之一。她與賈奈特和董事們面談時顯得無畏無懼，而且開門見山。她直截了當地對賈奈特說，「我了解你們力圖做什麼，而且能幫你們如願以償。我對此已駕輕就熟。你們聘用我，有什麼好擔心呢？」

賈奈特對蘇珊提出了四、五項顧慮。首要的是，她沒有人壽保險業務經驗。但蘇珊一一化解賈奈特的憂慮。最後，賈奈特轉向董事們說道，「我最中意她，我們聘任她吧。」

蘇珊的職務既不單純也不容易。她務須完成雙重任務：

- 贏得賈奈特的信任，使他不致阻礙其經營方式，並使他專注於發展自己的獨一無二能力：為客戶擬具創新的財務解決方案。

• 重新建構、優化和擴展已停滯多年的公司業務。

上任後第一個月，蘇珊審慎地由上而下評估公司當下處境。她先是透徹地挖掘財務狀況：公司賺了多少錢？有否收到所有應收款項？錢都到哪裡去了？

她深究公司售出的人壽保單，試圖釐清其來源和歸屬。毫無意外地，這些保單的業務作業並非全都一致。她再深入探索系統和流程，力圖理清哪些事情應該系統化，好讓員工從累贅的繁務中解放出來。

在更深刻了解組織與事業的現況之後，她著手評量公司實質需要哪些角色功能和任務，以及什麼人適合相應的工作。她發現，賈奈特是團隊裡唯一創造銷售額的人。她還察覺，團隊裡許多資深成員無法擔當公司真正需要的職位，或者並非承擔這些職務的最佳人選。許多這類資深人員謹守二倍成長思維，這意味他們傾向於守殘抱缺。他們不想要賈奈特渴求的十倍轉化，而蘇珊的使命在於逐步為公司開創具備十倍轉化的條件。

當然，蘇珊是頭號破壞者。賈奈特聘用她，實際上也是要她這麼做，好粉碎眼前事業裹足不前的二倍成長思維。她將提高標準，並且重新建構公司和團隊事業以獲致十倍躍進。

起初，她須處理一些單純的問題：

- 有哪些務必要做的事？
- 誰在做這些事？
- 是妥當的人在做這些事嗎？

在接下來四年間——從二〇一七年到二〇二一年——蘇珊逐步推進她的四步驟流程，最終帶領公司達到十倍成長。而且他們後續準備在四到五年間，達到另一次十倍躍進。蘇珊的四個步驟是：

一、穩定；
二、優化；
三、成長；
四、轉化。

穩定的關鍵在於使事業正常運作並且符合法規。蘇珊務須仔細檢視各項業務，好進一步了解公司實質上如何賺錢。她評量公司賣保險、推銷、盈利和團隊運作等方面的政策，以及種種重大漏洞。

優化要旨在使關鍵流程標準化、讓營收多樣化，如此一來賈奈特將不再是唯一的銷售主力。蘇珊拜訪了與公司有業務往來的保險業者及銀行，並發現他們全都「厭惡」與其做生意，理由很單純：公司無明確流程或到位的系統。

成長的關鍵是和有助銷售保單的各方建構關係、產生連結。保單都是基於賈奈特的創意與眼界。聰穎的賈奈特創造了極創新的人壽保單，其中排除了所有不受歡迎的項目，並使壽險成為並非死後才派得上用場的工具，而是在世時就能用到的有價值且能增值的資產。他不可思議地不斷推陳出新，而且現在更有蘇珊幫他精選和執行。

蘇珊開始拉攏服務超高淨值人士的會計公司資深要員。超高淨值人士也是定向策略有限公司的客群。她招募了多位會計公司資深要員加入團隊，由於他們了解壽險業又有人脈關係，而且懂得如何與超高淨值人士溝通，所以都成為團隊的主力銷售要角。重新建構和組織事業，然後竭盡所能找到最優異的人才為其效力，這就是蘇珊的目標。她持續延攬到更多更傑出的人才，而且他們不斷發現更多用賈奈特的創新方式銷售保單的可行途徑和轉介方法。

蘇珊和賈奈特於四年間攜手使公司達到十倍成長。

然後，公司進展到蘇珊的第四步驟：**轉化**。為了再次締造十倍成長，他們改變了一些事情。首先，賈奈特離開定向策略有限公司，以及整個加拿大壽險業界，並且設立了新公司，以其他方式為客戶們增添新價值。

蘇珊和賈奈特仍視情況進行策略合作。無論如何，蘇珊此時掌控了定向策略，並且和少數幾個關鍵人士共同擁有這家公司。蘇珊說，倘若要再度達到十倍成長，無法比照先前的十倍成長過程、借助會計公司資深要員。她指出，「此後的十倍躍進理應利用我們神奇的保險服務平台。」

賈奈特此前創立了由蘇珊領導的自主管理的公司。賈奈特必須將心思抽離組織的一切日常事務，才能發揮最優質能力。蘇珊讓他得以享有自由時間，並運用她的技能與熱情來穩定、優化和促進公司十倍成長。與此同時，賈奈特發揮其自由時間專注地發展其獨一無二的能力，並且熱情洋溢地學習、成長和創新。

每回獲致十倍成長，你的目標自由和使命感將倍增及擴展。假如你一再地十倍成長、獨特能力達到十倍優質和創新，那麼你基本上已有能力創設一家自主管理的公司。在自主管理的公司裡，團隊成員名符其實地管理自己。創辦人不必涉入日常事務。團隊為你分憂解勞，而不是凡事唯你是從。然而。這並不意味你不再是高瞻遠矚的領導者。

你在最重要的領域主導、創新並達成自我轉化，同時也堅持不懈地探索和開發嶄新且激勵人心的種種機會。你不再是公司的發展瓶頸，你不干涉或管理團隊、系統或事業結構，而是為公司引進世界一流的人才，因為他們更適合管理系統、流程和團隊。你負責設定公司願景，並讓團隊加以落實。經由持續的進化和轉化，你的自我、思維、心態和身分認同將不斷地提升。你把各方面的升級轉化為團隊領袖的領導力，然後他們將據此培訓團隊其他成員養成相同的能力。

在本章節，你將學會打造自主管理公司的基本功，甚至將更上層樓，建構出具有獨一無二且能力不斷擴展的團隊。每位創業家都會從精力充沛、事必躬親的個人，演化成為在人生與事業所有層面找對人才而非找出方法的成功領導者。最終，你將讓更有能力的領導人才代你治理公司，使自己有充裕的時間來全心全意發展獨特能力，以及達到令人振奮的更高階進化。具體來說，不斷十倍躍進的創業家會經歷四個層級的演進過程。我們將在本章探討這個課題。這四級創業力為：

一、**第一級到第二級創業力**：第一級創業家屬於活力洋溢的個人，若不是親力親為，就是用微管理方式統御麾下少數人才。第二級創業家則從專注於方法的個人，演進成聚焦於人才的領導者，他們在人生與事業所有領域運用的原則是，成事在人不在於方法。

二、**第二級到第三級創業力**：這意味著，延攬更優質妥適的領導者來代你經營自主管理的公司。你擺脫掉日常的營運，有充足的時間全然專注於探索各種新的可能性，在二成的關鍵要務上力求創新、擴展願景，進一步發展獨一無二的能力。

三、**第三級到第四級創業力**：這標誌著你的周遭包括事業上發生的一切，都在自我擴展獨特能力的團隊合作下運作。在自我擴展的獨特能力團隊裡，所有成員均獲得激勵、自動自發且堅持不懈地在各自的角色功能上精益求精。所有妥適的人才都自由自在地受內在動機驅策，並徹底轉化其獨特能力、企求實現鼓舞他們的共享十倍願景。當每個人才更全面地領悟其獨特能力，他們將持續地拋開八成非關鍵事物，交由更合適的新人來代勞。團隊將不斷地自行擴增，且所有成員將加倍優質並更具價值。

接著，我們來深入探討這幾個層級的創業力。

第一級至第二級創業力——從精力充沛的個人到找人才而非找方法的領導者

「除非打造一個自主管理的公司，否則公司將難以創新和創造與日俱增的利潤。交由團隊管理及推動日常營運，你將有餘裕展望大格局的願景，並持之以恆地創新、增添更大的價值，甚至於徹底改變市場。」——丹・蘇利文[2]

在一九九七年，來自威斯康辛州西本德的年輕機械工程師提姆．斯密特（Tim Schmidt）創辦了一家僅有三名員工、商業目標尚未明確的小企業。提姆宣示，「我們將為付錢的人做任何事情。」

他們的事業包括店面陳列設計，例如：玩具店展示PlayStation遊戲機相關規畫，以及實現各項設計。十年後，也就是二〇〇七年，提姆的公司仍只有三名員工，營收約三十萬美元，與十年前初創時相去不遠。

儘管提姆在此十年間「馬不停蹄」，卻僅僅達到二倍成長。然而在二〇一一年到二〇二二年這十年裡，提姆新創辦的美國隱蔽攜槍協會（U.S. Concealed Carry Association），年收卻可以從三、四百萬美元提升到逾二億五千萬美元。該公司在全美各地擁有逾六百一十五位員工，積極會員超過七十萬人。提姆日漸添增團隊成員和領導人才，使公司加速成長，而非像往日那樣抱持二倍成長思維「拚死拚活」。

這無疑是個艱辛的過程。然而，也是一趟充滿樂趣且令人徹底轉化的歷險，當中充滿日益擴大的自由與成就。那麼，這兩個十年之間發生了什麼天差地別的事？提姆的今昔之間有何迥異之處？他如何從開辦新組織一路發展至今，成為每年實質影響數百萬人生活的創業家？

讓我們一同來探索提姆的故事。這有助於深入領悟活力充沛的個人演進為變革型領導者的過程。

在一九九八年，提姆迎來第一個孩子小提姆。那時他心想，「護衛兒子是我的職責，但我不清楚該怎麼做。」雖然提姆在充斥槍械的環境中成長，而且十二歲就獲父親教導如何射擊，但到了二十八歲有了小孩時，他仍未擁有槍械。懷中剛誕生的兒子使提姆興起學習自衛的想法。在這個過程裡，他對自己最初關於槍械工業的認知感到有些震驚。

身為工程師和研究者，提姆投注大量時間鑽研不同類型的槍，直到有信心購買第一把自用手槍。他開車到威斯康辛州日耳曼城的甘德山槍世界（Gun World Gander Mountain），走到裡頭一個擺滿槍枝的玻璃櫃前。店裡櫃台後方有個魁梧壯漢目不轉睛瞧著他，但未發一言。

他只是緊緊盯著提姆。

「先生，請問我可以看看那把槍嗎？」提拇指著玻璃櫃中一把槍問道。

彪形大漢雙臂交叉胸前，上下打量著提姆，然後毫不客氣且冷嘲熱諷地問道，「像你這樣的人為何想要買這種槍？」

提姆吃了一驚，然後回答說，「老兄！我不知道。所以我需要你的協助。」

無疑地，這絕非一次好經驗，使提姆在擁槍、槍械教育和自我保護的世界裡，經歷了一場令其脫胎換骨的歷險。他於數年間熱切研究相關課題，同時持續經營工程事業。

到了二〇〇三年，提姆在廚桌上啟動美國隱蔽攜槍協會。他的初始構想是發行印刷版刊物《隱蔽攜槍》雜誌（*The Concealed Carry*），向讀者分享擁槍和自衛相關教育資訊與各式故事。他投注六個月心血，終於推出創刊號，而且未經徵詢銀行，即從其工程事業信貸額度中提取十萬美元，全部用於印刷和郵寄三萬冊雜誌。

他從一家提供各式各樣人口統計資料的公司取得郵址清單。創刊號旨在號召讀者加入美國隱蔽攜槍協會來獲得更多的相關教育。註冊會員基本上每六週將收到一本新雜誌。提姆寄贈創刊號雜誌給三萬人，其中約一千人註冊成為美國隱蔽攜槍協會會員，每年繳交四十七美元年費。

現在他陷入了棘手的處境。有近千人期望他每六週推出一份新雜誌，而這需要龐大的資本和繁重的勞動！

從二〇〇三年到二〇〇七年，美國隱蔽攜槍協會呈現緩慢地線性成長。而且提姆這時也還稱不上組織領導者。他不懂得運用成事在人不在方法的原則。他主管公司運作，幾乎事必躬親，因為他不信任他人，認為他們會搞砸所有事情。每回他雇用員工，結果總是不如預期。

儘管提姆欠缺領導力和對人的信任，美國隱蔽攜槍協會的成長堪稱穩定，到了二〇〇七年底，年度營收已近百萬美元，利潤達二十萬美元。協會當時有四、五名員工，其中有半數人心懷不滿。

不過，公司日漸受到民眾歡迎。眼見事業成長跡象日益轉強，提姆領會了一些事情。首先，他確知美國隱蔽攜槍協會正是他渴望奉獻心力的志業。其次，他體認到，為求公司持續成長，「理當自我改造」，並且成為真正的領導者。

於是他賣掉自營的工程公司，並且全心全意投入美國隱蔽攜槍協會，然後還購置了一處小型辦公室。接下來，提姆著手研讀大量商業和領導力相關書籍，並且開始接受創業家作業系統（Entrepreneurial Operating System）教練課程培訓。那是一項全球性創業家訓練計畫，與策略教練計畫有合作關係。提姆在那裡學會如何使事業系統化和附諸實施，以及發展企業文化核心價值的方法。

自二〇〇七年到二〇一一年，協會營收從不足百萬美元提高到四百萬美元，員工則增為二十人，其事業主要著重於發行雜誌、提供槍械相關教育，此外，註冊會員將享有一定的資格和認證。二〇一一年是提姆與協會的下一個關鍵轉變時間點。提姆此時決心致力於打造世界一流的團隊，也期望把雜誌推升到更高層次，使其更有影響力、更有趣且更實用。

提姆於接受培訓期間，產生了至關重要的洞見，從而考慮新增自衛責任保險業務，使其成為協會會員不可或缺的一項益處。協會將不只專注於自衛教育和訓練，也將提供會員保護和保險。這是獨一無二的做法，在當時甚至於今日，自衛合法性仍未獲多數人欣然接受。因此，提姆著手為協會會員發展了一套核心哲學與體系，用以支持負責任的擁槍權。協會於是有了三大支柱：

一、心理準備：專注於教育和訓練。

（一）提供會員心理磨鍊，以及每隔六週出刊的雜誌。

（二）會員可使用被稱為「槍械訓練 Netflix」的保護者學院（Protector Academy）數千小時線上訓練課程。

（三）會員還可讀取協會多年來創造的數百冊指南、檢查表和電子書。

二、身體準備：聚焦於體能鍛練和實際用槍訓練。

（一）協會在美國全境有逾五千名通過認證的教練，為會員提供用槍相關操練。

（二）協會與全美各地逾一千五百處射擊場締結了正式夥伴關係。

（三）會員在購置彈藥與裝備上享有各種折扣優惠。

三、法律準備：用槍自衛合法性與保險相關教練和準備。

（一）協會提供全年無休的法律應對團隊，以因應任何問題、挑戰或狀況。

（二）協會也有逾千名刑事辯護律師，提供全年無休的諮詢服務。

（三）會員每年受到最高理賠金額二百萬美元的責任險保護。

隨著事業目標與方向益發明確，投入的心志益加堅定，提姆決定放手一搏。

自從二〇〇三年發行雜誌創刊號以來，協會會員年費一直維持在四十七美元，然而現在團隊及客戶服務都擴增了，會員不但能夠獲得了心理、身體和法律三大層面的教育與訓練，還有自衛責任險等額外益處，於是提姆決定將會員年費提高近四倍到將近二百美元。

結果立即有半數會員離去，協會續訂會員一夕之間從五萬人銳減為二萬五千人。提姆說，注重質而非量的做法雖使客戶減半，但「感覺很好」。儘管會員人數腰斬，提姆的事業營收反而增加逾二倍，而且利潤遠比先前豐厚。

關鍵在於更高的品質和更少的數量，以及在目標與使命上力求明確，達到雷射般的精準。與其試圖為大批民眾做所有事情，不如專注於利基市場和目標客群。提姆闡釋說，「應努力爭取鐘形曲線的邊緣。若求取鐘形曲線中央部分，對發展文化、社群和商業來說，都將是死路一條。」

自從二〇一一年增加保險服務、確定使命與專注要務之後，提姆的公司扶搖直上，年營收從三、四百萬美元，暴增到二億五千萬美元。在過去十到十一年之間，提姆專心致志提升領導力，並且一心一意促進組織所有成員的發展。他堅持不懈地教練和教育自己，如今更投注大量時間教育和訓練團隊成員。

最初從工程事業信貸額度中提取十萬美元，並全數用於印刷和寄贈三萬冊創刊號雜誌，確實令提姆憂心忡忡。接著把會員年費調高四倍，明知將失去大批顧客的事實，同樣令他提心吊膽。然而，提姆一再地直面種種恐懼——放手八成非關鍵事物、全心全意實現十倍願景與目標。

他須揚棄操控公司一切事務的心理需求。他投注大量時間於教練、教育和支持課程，藉此提升自己的思維層次，從而將協會改造為獨一無二、不斷創新的組織。提姆還找演說教練幫他增進溝通與說話技巧，使自己能適切地領會外界種種訊息。

他成長為高瞻遠矚的領導者，堅持不懈地擴展協會所有相關人員的願景和心態。如今，其首要專注事項是自我進化與提升，進而影響團隊和協會逾七十萬成員養成正向的心態、獲致成長。提姆當前的目標是促進協會會員人數於二〇二〇年底前突破四百萬。

他最近在喬·波力士（Joe Polish）的高階創業家團體天才網絡（Genius Network）發表演說，提出其引領公司持續成長的七大原則。這些原則在在反映出變革型領導相關理論的真諦。[3]因此，我將向大家分享這項原則，並且萃取當中有關變革型領導力的精髓。

提姆的演說提出了這個問題：「為何人們會加入美國隱蔽攜槍協會？」據他表示，這是基於協會提供三大支柱——心理、身體和法律三大層面的準備與訓練——而且會員可享有諸多益處。他進一步闡釋：

「我要明確指出，人們不是因為這一切好處而加入協會。當然，這些裨益都很迷人。然而，它們不是眾人入會的實質和深層理由。事實上，大家並非直接想要我們提供的所有益處。他們只是企求一個能得償所願的輕便按鈕。人們加入任何組織或協會的原因是基於，力求與人協調一致的心理特質。所有人內心深處都渴望歸屬感，也想要與共享信仰和文化的團體產生連結。」

這正是協會過去二十年間一切發展的骨幹。他們的所有作為，從發行雜誌到舉辦盛大的活動，都尋求在會員間創造心理上的協調一致、歸屬感和社群意識。因此，提姆的七大原則是以協調一致和歸屬感為核心。這七項原則分別為：

一、**故事**：你的組織、協會或事業需要一個強而有力的創始故事。「最理想的是真實的故事，」提姆笑著補充說。他熱愛猶豫不決的英雄焦慮地朝向使命邁進的故事。他們堅持不懈地竭盡所能達成使命，在此過程中直接面對和克服各式阻礙，同時也飽受打擊。這反映出約瑟夫．坎貝爾（Joseph Campbell）所說的英雄旅程[4]。而所有優質的組織或協會都以客戶做為英雄故事的核心要角。

二、**意識形態**：「組織需要能夠振奮人心的強烈使命和目的，」提姆強調。永不過時的意識形態奠基於各項原則而非政治。原則的定義是，「信仰體系、行為或論證據以成立的根本事實和主張。」政治的定義則是，「個人或政黨之間的爭辯或衝突，或是獲取權力的期望。」儘管美國隱蔽攜槍協會是聚焦於槍械和用槍安全的組織，卻有近四成會員為民主黨人，因為該組織注重的並非政治，而是與所有政治背景的人們息息相關的各項原則。

三、**象徵**：組織或協會需要聽起來冠冕堂皇、清晰易懂的名稱，以及人們能夠聯想到該組織的象徵或識別標誌，例如：耐吉的品牌標誌。提姆最初創立協會時，自己是唯一的員工，而且沒有任何顧客，不過協會的名稱聽起來很正式、顯得頗重要。我們應創造令人驚奇、可穿戴、具專業水準的象徵。某些人甚至會把優質的品牌商標刺青在身上，例如：哈雷機車或蘋果公司的識別標誌。

四、**共享的各種儀式**：儀式可以是任何獨特且一貫的、能夠觸發意義和歸屬感的活動。這些儀式能強化個人對組織及其意識形態的投入程度。在美國隱蔽攜槍協會舉辦年度展覽會時，總有一萬到二萬名會員群聚於特定地點，參與各攤位的社群活動與訓練。每項不同活動的參與者都必須先出示會員證。這是協會的儀式之一：自豪地秀出會員卡。推廣和強化儀式的唯一方法是定期地透過部落格或雜誌文章、YouTube 影片等加以傳播，好強調會員參與儀式的故事，以及凸顯他們如何從中受益。

五、**敵方對手：**「你理應有個敵手，」提姆指出。有趣的是，比起自己喜愛的人，人們通常較容易和自己不喜歡的人產生連結。根據內團體和外團體心理機制，人們可以明確地指出某個人「非我族類」。敵方不論是一群人或是一系列的行為等，都是意識形態的一個固有層面。在策略教練公司，退休的念頭是「眾仇敵」之一。在本書中，我們的敵手是二倍成長思維，它使你安於現狀、避免為激勵人心的更大格局孤注一擲。

六、**語言：**每個團結的組織都有其內部共享的語言、獨特的遣詞用字、縮略語，以及彼此心領神會的意思。它們持續不斷地出現於組織成員們的對話中、組織的各種教育材料裡。在策略教練公司的會議上，你將一再聽到人們談論「成事在人不在於方法」、「願景、對抗、轉化、行動」（VOTA）、「損失的風險、收穫的可能性、獨一無二的能力與經驗」、「收穫心態和落差心態」等。當你聽見那樣的語言，將能分辨某個人是圈內人、團體成員，並且能領會彼此共享的語言當中的意義。

七、**領導者：**所有組織、協會或運動都有一個領導者。領導者是具有吸引力的人物和服務者。他們並非故事裡的英雄；團隊裡的每個成員才是英雄。領導者只是服務、指引和支持組織裡所有成員。領導者在旅程中帶領顧客或團隊成員，幫助他們完成轉化過程和各自的英雄旅程。

從提姆的故事可看出，他從一個精力充沛的個人進化成為變革型領導者。身為變革型領導者，他不斷地投資和發展自己。他持續擴展自身的願景和目的感，以及領導公司的各項原則。他不再像過去那樣訴諸微管理、過度操控以致扼殺自己的團隊，而是運用變革型領導原則擴展和提升團隊。

變革型領導的核心原則是最多人研究、基於科學的理論與實踐，當中包括：

一、**理想化的影響力**（Idealized Influence）：變革型領導者是角色模範，他們透過各項行動、種種價值觀來啟發追隨者。他們承擔風險、堅守自己選擇的價值並展現堅定的信念，從而使屬下產生信任感。

二、**啟發式的激勵**（Inspirational Motivation）：變革型領導者啟發部屬的靈思妙想和目的感。他們清晰地闡述願景、向團隊溝通各項期望，並增進成員們的自信。他們明確地傳達信念，並把負面或具挑戰性的狀況，轉化成種種收穫與成長契機。他們抱持收穫心態而非落差心態。

三、**智識的啟迪**（Intellectual Stimulation）：變革型領導者珍視團隊每位成員的創意和獨立自主的價值、鼓勵團隊成員參與決策過程，並且激勵他們發展富創意的想法。變革型領導者挑戰各種假設，並且開創能夠包容合理衝突的環境。他們改變追隨者思考和框架問題的方式，然後對他們授權賦能，使他們對自己的決定和相應的結果當責不讓。

四、**個人化的關懷**（Individualized Consideration）：變革型領導者懂得團隊每位成員都是獨特的個人，都具各自特有的目標和獨一無二的能力。他們消弭職場傾軋與焦慮，並提供環境讓每位獨特個人自由自在、自動發揮最優質潛能，並公開且坦誠地就挑戰、期望和觀點進行溝通。[5、6、7、8]

除了成長為變革型領導者，提姆也著手對團隊裡的人才授權賦能，使他們能夠獨立自主地發揮作用——領導自己、具備捨我其誰的精神、決定自己履行角色功能與職責的方式，而不是飽受經理人或領導者的干預和保護。提姆還發展出自己的一套哲學及意識形態——並把它置入明確的框架之中——這不僅用來指引公司和團隊的方向，也提供給終端客戶與社群清晰的心理風貌和協調一致性。

身為變革型領導者，提姆給予想負責地擁槍的人們原則、訓練、共通語言、儀式和社群意識。他提供給這些人可以連結的文化，使他們將此文化融入自身的身分認同之中。他也成為成熟的模範，隨著客戶學習、進化與運用各項原則，逐步提升協會的水準。提姆是有意識且謙恭地從活力充沛的個人演進為變革型領導者。

他不必再控制手下人才，而開始藉由延攬更優質人才來做自我轉化投資。他讓這些人才發揮各自的獨一無二能力，逐漸實現自主管理，從而不須控管他們的一舉一動。他成為領導者、日進有功，並且擴展自我、願景、自身的哲學，以及帶給團隊與客戶獨特價值。在每個發展階段，提姆都放手曾助其十倍成長、如今阻礙下階段十倍躍進的八成非關鍵事物。

接下來，我們將探討「成事在人不在於方法」原則的核心與應用方式。這是人們時常卡關、困在二倍成長思維、無法達到十倍成長躍進的關鍵之處。

專欄　「成事在人不在於方法」Q&A

問：年輕創業家首先應找哪種人才來幫自己？

首先應找一位個人或數位行政助理。以吉諾・威克曼和創業家作業系統的語言來說，就是「整合者」（integrator）。例如：蘇珊・琦秋即是一位極高階的整合者。不過，你也可以單純地運用數位助理，幫你擺脫掉安排行程、處理電子郵件、後勤支援等八成非關鍵事物，從而獲得二十小時以上的自由時間。

整合者的工作在於組織，讓你的生活輕鬆單純，以及為你處理單調的日常事務。找人代勞的目標是使大腦有愈來愈多餘裕，如此我們才能專注於自己最擅長的要務。俗話說得好，「法蘭克・辛納屈（Frank Sinatra）不會親自搬運鋼琴。」

丹・蘇利文建議創業家，「永遠不要在沒有團隊奧援的情況下單獨現身。」請容我直言不諱，倘若你親自回覆電郵和種種詢問、處理營運層面的事務，那麼你純然不像是一位高階人士。這看似個人秀，會讓人對你提供的服務與品質水準、專業程度和結果產生疑慮。

決不要單打獨鬥。每當你面對客戶或潛在客群時，務必讓對的人替你處理初步的對外聯繫事宜和系統化的流程。讓他們為你組織和做好準備工作，使你登場時能有最好的表現。這不僅讓你能專注自己最拿手的事情，同時也使你處於遠比服務對象更具優勢的位置。

除了找人幫你完成親自上陣前「創造條件」的準備，也應讓人為你生活中的大小事情做好鋪路工作，使自己的人生日趨輕鬆。舉例來說：他們可助你了解，應把最優質的精力和努力投入哪些事物，好專注地將獨一無二的能力發揮到極致。

問：如何避免成為胸無點墨卻頤指氣使的人？

關鍵在於一開始就要明確設定種種標準和成功的準則。無論如何，你始終隨時可以重新確認和重新連結自己的各項標準。倘若你謹守種種準則，而且持之以恆地學習和成長，那麼各項標準和流程將一貫地更新和升級。這理當是個延續不斷的迭代過程。

舉例來說：我時常上播客節目推廣自己的著作，因此定期與助理暨執行幫手喬西就參與的節目類別進行溝通。這絕無法一次搞定，而是一個持續不斷的嚴格篩選過程，理當由她幫我達到渴想的成果。

時時運用「成事在人不在於方法」的原則、對手下人才授權賦能，使其當責不讓，你將體驗更多可用來專注於關鍵要務的自由，也更能避免淪為草包。

你是領導者。部屬提供你奧援而深感振奮。這是他們的職責。我們務必要延攬為自己打拼且渴望成功的人。正如詹姆．柯林斯在《從A到A+》一書所言，「只要找對人，如何激勵士氣和管理人員的問題將迎刃而解。恰當的人才不需要嚴格的管理或鞭策；他們的內在驅動力將鼓舞其產生最優質成果，以及成為創造卓越的一員。」[9]

問：假如負擔不起人才，該怎麼辦？

不找人幫忙才是承擔不起的事。不要把人才視為成本。找適當的人代勞是對自己和成果的一項「投資」。在延攬人才上觀望愈久，你將陷困於八成非關鍵事物裡耗費掉更多時間與活力，而且只能獲得二成的結果。此外，日理萬機、分身乏術者體驗的心流和深度將微不足道，無從產生十倍優質的成果。

投資於找人才來為自己排憂解難，你將有更多自由時間進入心流狀態，專注於從事具有十倍價值的核心要務。你的幫手將聚焦於自己的角色功能，並將一以貫之地達成預期成果。他們將做好你感到枯燥乏味或無法徹頭徹尾地完成的事情。一切都將變得更好，尤其是你的心理健康和專注力，而這二者都是獲致十倍成長思維的根本條件。

問：如何找到對的人？

貫徹「成事在人不在於方法」是持續不斷的過程，你將隨著時間推移漸入佳境。這與任何其他技能並無二致。剛開始時，任誰都不擅此道。你還沒有最清晰的認知，不會擁有最佳的篩選工具來找到極其獨特的人才。

倘若你沒有足夠資金延攬最專業、最能幹的人才。那麼就從小處做起。務必要著手去做。首先找一位助理來分攤二十小時的後勤支援與日常營運工作。你可用每小時低於十五美元的價格在美國找到個人助理，或於海外尋得數位助理，而且其能力實際上將令你感到驚訝。

當你開始見識到「成事在人不在於方法」的力量，將不再那麼抗拒這項原則。你將感受到找人代勞的功效，你將有更多時間和精力專注於關鍵要務，也就是你提供給市場的獨特價值，而且這將帶給你活力、心流與樂趣。

能夠攬才的地方無所不在，甚至社群媒體也不例外。我是透過詢問臉書朋友覓得最初兩位兼職的個人助理。事實上，我接獲了數十封應徵函，而從中雇用的兩位女士對我當時的事業助益良多。最終，我不再親自尋覓人才，而交由我的助理代勞。我只給予各項明確的指示，比如說我的願景和種種標準，並讓她負責面試最適合的人選。

當你更加專業化，將需要更為特定的、能助你獲得渴望的成果的人才。由於這類人才遠為稀少，所以實際上將更容易找到他們。舉例來說：要把本書推廣到我想要的地方，便需要一位真正了解商業書籍的編輯。而我很快就想到了海倫。她是頂尖的商業書編輯，而且與眾多家喻戶曉的作者合作過無數商業書。

問：假如我用錯人又浪費很多錢，該怎麼辦？

這樣的事經常發生。我們應以收穫心態而非落差心態來面對它。一切事都是因為你而發生，而非偶然發生在你身上。你找來不稱職的幫手，原因在於不清楚自己想要什麼，而且用丹．蘇利文的話來說，你並非出色的「買家」。如果你是「買家」而非「賣家」，將對自己想創造的結果有極清晰的想法、對自己事業的一切訂有高標準，而且你只與公認深具影響力且投入的人合作。

即使如此，大家都須經歷一段逐漸進步的過程，而且即便我們打造出卓越的團隊，並且協作良好，也絕對無法完全免於用錯人。要緊的是，要有一個到位的系統為你有效率地汰除不適任的人，並快速地修正方向。

我們常因識人不明而「損失金錢」。在寫書的過程中，我遇過多位不了解我、無法領會本書宗旨的編輯和顧問。但我抱持收穫心態而非落差心態去應對。我把這些經驗轉化為成長和學習，然後我益發清楚自己的想要，而且任用人才的系統也日漸優化。

即使是商業學校也不會教授你「找人」的原則。重點是懷抱收穫心態、持續優化攬才技能。假以時日，你將對手下人才心服口服，而且你的團隊將逐步走向自主管理。

問：關於「成事在人不在於方法」，有沒有可能做過頭？

不見得。你愈把專注力與活力集中於二成關鍵要務，然後始終如一地獲致十倍成長，你的時間與成果將愈有價值。你的營收與所得將一再地十倍成長，而且將有能力在生活各領域找更多人才為你效力。

十倍成長的關鍵在於深度和品質。要在事業上登峰造極，切勿日理萬機，而致認知負荷（cognitive load）過載、元氣大傷。倘若你能找人到家裡幫忙清潔房屋、洗衣服和餐具、為你跑腿等，你的家庭將享有更高的品質和深度。

就個人來說，這是精神層面的一大躍進。不過我們的重點在於領導力和深度。我花費數年才說服妻子聘用「母職幫手」，每週為她分憂解勞二十小時。這位幫手康妮已成為我們家重要成員。她照顧家裡四歲的雙胞胎女孩和二歲的男孩，讓我太太蘿倫能專注於教導在家自學的幾個較大的孩子。康妮也幫我們打掃房子。此外，她還帶給我的家庭安祥、平靜的能量。

第二級至第三級創業力——從應用「成事在人不在於方法」原則的領導者到公司自主管理

「唯有確保你與團隊每位成員在自主管理的公司中達到速效運作，你的事業才能獲致十倍成長。」——丹・蘇利文

當十九世紀美國宗教領袖約瑟夫・史密斯（Joseph Smith）在伊利諾州諾伍（Nauvoo）打造約二萬人口的城市與社區時，州議會一名議員曾找他商談。該議員渴望了解史密斯如何治理數量如此龐大的一群人，以及他將用什麼方法維繫「完美的秩序」。這位議員認為，治理這麼多民眾並維持良好秩序是不可能辦到的事。

史密斯先生說：「這易如反掌。」

「怎麼可能？」議員回道，「對我們來說，這難如登天。」

史密斯先生回應說，「我將教導他們各項正確原則，而且他們將自主治理。」[10]

史密斯治理大型宗教社區的主張，也適用於打造自主管理的公司。這確實是輕而易舉的事情。實質上，這是領導和治理一個團體的最輕鬆方式。你理應讓成員們自主治理。

無論如何，為了實踐這項主張，我們理應具有明確的願景、一套標準和文化。當你擁有清晰的願景與文化——這意味你了解自我與自身的目的——你和你的事業將能吸引對的人，而且這些人才不須你激勵和管理他們。這些合適的人將在內在驅動力推促下，將其最優質的技能（和更多事物）奉獻給你。

在此，我們應闡明一個稱為「組織公民行為」或「感知角色廣度」（perceived role breadth）[11,12,13]與變革型領導力息息相關的概念。組織公民行為是「超越」角色特性的、支持團隊與組織的利他行為和行動，這包括做任何必要的事以完成專案、提供其他成員奧援、帶給大家正向能量等。這是基於想要而非出於需求的行動。這種行動本身就是目的，而非為了任何特定回報。

感知角色廣度是個人對自身角色的認知程度，研究顯示，變革型領導者讓人心生信任且滿心投入，並使人擴展其感知角色，從而內化組織公民行為。[14,15,16]受變革型領導力影響，他們力求超越自我，原因在於他們渴望這麼做，而不是必須這麼做。

在進行研究和撰寫論文時，我發現變革型領導者能啟發部屬拓展自身角色，經由取得追隨者的信任與投入來達成自我超越。[17]對領導者的信任是一個廣獲研究的概念，而且這是變革型領導力一個至關緊要的層面。[18] 倘若領導者得不到信任，便不會有變革型領導力。信任是一種中介力量，使領導者有能力啟迪下屬提升和徹底改造自己，以創造成果和達到新標準。

新近的統合分析研究發現，對領導者的信任和情感性組織認同感（emotional organizational commitment），能促進變革型領導力、擴展的角色廣度和組織公民行為三者之間的關係。[19] 基本上，變革型領導者獲得部屬的信任，有助於其信任的手下深度投入分享的目標和願景。經由信任領導人和對組織與使命的情感投入，人們會做許多原本絕不會做或不可能做的、令人驚奇的事。

當你對成因的探究足夠強烈時，你將發現何以致之。鑒於團隊成員信任領導者，而且情感上投入使命，他們將願意做任何事情，好達成共同的目標。這個等式還有最後一個層面，它顯示變革型領導者如何激發部屬把潛能發揮到極致，使他們最終能夠實現自主治理。

小史蒂芬·柯維（Stephen M.R. Covey）在其著作《高效信任力》（*The Speed of Trust*）闡釋說，信任並非透過學習得到，而須藉由給予他人信任來獲取對方的信任。[20] 這就是打造高品質人際關係和自主管理團隊的真諦。你給予屬下願景、明確的目標、文化和種種標準，不訴諸微管理和治理。你也尊重且珍視他們各自進化與成長的各項標準。你信任對的人有能力自主管理。你相信他們能擴展和闡明自己的角色，並且超越自身職責範圍。

當你信任他人，他們的表現將使你驚嘆不已。當你信賴對的人才，他們將進一步擴展你的信任。這是促成其最佳表現的唯一方法，而且信任能激勵他們的幹勁。根據歷來科學基礎最扎實的動機學說「自我決定理論」（self-determination theory），高層次內在動機有三個關鍵要項：

一、獨立自主：你擁有自由，能做自己想要的事，可決定如何、何時、和誰一起做。

二、掌握優勢：你擁有自由，可持之以恆地提升和發展獨一無二的能力。

三、心有歸屬：你擁有開創變革型關係的自由，與期望的十倍成長思維人士協作並共同轉化。[21、22]

為激勵人們對其做的事產生高度熱情，以上三項關鍵不可或缺。人們對所做的事愈具有自主性，就愈積極進取、愈有自信。正如我們在《成功者的互利方程式》一書所言：

「假如你打算應用更高階的團隊合作，理應交出做事方法的控制權……你不只應讓對的人全權負責做事方法，且理當完全同意他們這麼做。」[23]

我在這本書中強調過多位創業家的故事，他們幾乎全都打造了自主管理的公司。在第一章裡，我講述了卡森·霍姆奎斯特和琳達·麥奇塞的故事。卡森體會到自己成為公司的發展瓶頸、阻礙了其創辦的川流物流達到十倍成長。於是他不再像過去那樣，實質插手公司決策過程每個環節。他提升公司團隊成員的領導力，從而獲得充裕的時間來專注地全盤探索其事業，以及深入了解其最優質客群。

他領悟到，公司最棒的顧客是僅占整體客群五%的高風險貨運客戶，其貢獻的利潤超過一五%。然後他建構了自主管理的團隊，從而擁有餘裕發展獨一無二的能力、拓展願景和領導力，以及最終重新設定公司走向。在最近幾年間，該公司於團隊規模維持不變的情況下，利潤增長了四倍。

琳達打造了幾番迭代的自主管理公司。首先，她雇用個人助理幫忙管理所有後勤和組織層面的事務。然後，她先後聘任另一位助手、多名房地產代理人，來協助處理其他事情。在這個階段，她主要運用「成事在人不在於方法」原則。然後，她聘請連襟布雷德接手掌管她的自主管理團隊。接著，她專心致志於開發和擴展凱勒·威廉斯房地產公司在俄亥俄、印第安納和肯塔基三州的事業。隨著自主管理的團隊到位，琳達在兩個州日進有功，目前已設立二十八處辦公室，並轄有逾五千名活躍的房地產代理人。她現今的房地產事業年收已逾一百四十億美元。

倘若琳達未從活力充沛的個人轉化，為應用成事在人不在於方法原則的人，再進化到自主管理、自我擴展團隊的變革型領導者，那麼這一切將不會發生。

在本書第二章，我述說了投資顧問查德·維拉德森的故事，他辭退美林集團令人稱羨的職位，創辦了自營的受託人財務顧問公司太平洋資本。查德的演進也屬於同一模式，他從精力充沛，事必躬親的個人，轉變為應用成事在人不在於方法原則的人。最終，他促成公司全面自主管理，不再涉足日常事務，儘管他仍持續主導太平洋資本公司的總體願景與策略。如今，查德每年約只進公司三十天，主要致力和團隊產生連結、更新公司不斷發展的願景和團隊的專注事項，並以他們需要的任何方式給予支持。

查德全然獲得自由，得與家人共享峰值體驗、環遊世界、持之以恆地提升和增進思維，以及擴展日益壯大的協作者、共同投資人和客戶網絡。

在本章前面的段落，我講述了賈奈特·莫里斯與定向策略有限公司的故事。賈奈特是睿智的創新家與策略家，他應用成事在人不在於方法的原則，將其事業發展成營收數百萬美元的公司。而直到他聘任蘇珊·琦秋並把公司轉變為自主管理的企業，其公司的成長才一飛沖天，達到令人刮目相看的等級。現今定向策略集團售出的人壽保單遠超越加拿大全境其他同業。

請你想一想：

- 你是活力充沛、親力親為的人，或是應用「成事在人不在於方法」原則的領導者？
- 你是貨真價實的領導者，或是卡在發展瓶頸的管理者？
- 你信任團隊成員嗎？或是只信任自己？

• 你能否想像擁有自主管理的公司，以及享有探索、擴展、創新、學習和創造的自由，是什麼滋味？將有何感受？

• 你是否已準備好轉化為變革型領導者？

第三級至第四級創業力——從自主管理的公司到自我擴展獨特能力的團隊

「擁有獨特的團隊意味著，每位成員都有餘裕來專注於各自特有能力所及領域。也就是說，你雇用的員工理應具備多元技能與才華，這包括你欠缺的技能和才華，如此你事業的各項要務和職責，都將有熱愛且擅長執行它們的人來承擔。一旦團隊成員獲得你的許可，效法你的方法任事，他們將只以這種方法做事。他們不會允許自己用你示範之外的方法工作。倘若沒有你的領導力做為範例，你的團隊將不會有專注於其獨特能力所及領域的自由，而你也無法專注於自己的獨一無二能力，以及打造出自主管理的公司，除非你的團隊成員有餘裕專注於他們熱愛且擅長的工作——那些賦予他們能量且使整個組織活力充沛的事情。你理當深度轉換思維，方能給予團隊這樣的自由，你將從而享有日趨出色、富創意的協作奧援，因為團隊成員將能全然專注於自身的獨一無二能力。不須我們在場鞭策，團隊即可拿出最佳工作成果，而且這個獨特能力團隊將持續發展和擴大，並將自動創造出自主管理的公司。」——丹・蘇利文

自我擴展的團隊是自主管理團隊的自然延伸。身為領導者，你為組織和團隊發生的一切定性定調。你認真以對自己的獨特能力，聚精會神地投入二成核心要務，並持續不斷拋開八成非關鍵事物，從而獲致十倍成長，而且激勵自己的團隊上行下效。

你鼓舞團隊成員嚴肅看待自己的獨一無二能力。你激發他們更專注於自己的二成要務，並始終如一地完善自身適合的角色。詹姆・柯林斯在《從A到A＋》書中闡釋說，關鍵不只是找到對的人，更要讓他們擔當適切的職位。[24] 柯林斯未說明的是，合適的職位終究是恰當的人才自己一手打造出來的。

由獨特能力團隊營運的自主管理的公司，每位個別成員堅定不移地完善各自的角色，只在少數令其振奮和充滿能量的領域工作。他們找來合適的興致勃勃的人助其完成八成非關鍵事物，並開始獨立自主地日漸擴展。

以我的公司為例：當我最初著手從事專業寫作時，自己承擔了大量編輯工作。然而，隨著時間推移，我聘用了更多支援的人才，好全神貫注於二成核心要務，從而提升寫作品質。助我一臂之力的人包括策略家、行銷人員、公關人員和更出色的編輯等。

所有這些幫手都使我益加投入關鍵要務。如今，每當我與人協作或共事時，付出的不僅是自我和獨一無二的能力，還有我持續成長和自我擴增的團隊，當中有諸多編輯、行銷人員、發行人、行政助理和未來的公關人員。

我的助理喬西近來也經歷了同樣的過程。她大約於兩年前出任我的助理，為我分攤諸多責任，例如：管理日程表、行事曆等。我逐漸把更多工作交付給她，儘管她是三個小孩的母親，仍把工作處理得很好。

隨著我的目標日益宏大、逐漸讓她密集地主導和委派更多專案，她開始犯下一些重大錯誤。很顯然，她已分身乏術。她的角色已過度膨脹。與此同時，她日漸清楚自己的獨一無二能力，於是對我闡明她渴望專注的二成關鍵要務，並表示想把八成非關鍵事物交給新人處理。

喬西想找人代勞的事涉及組織發展和追蹤與完成大型專案，接手者的獨特能力應包括支援我、維持諸事井然有序，以及在團隊執行大型專案時提供奧援。喬西找到具有不可思議才華的凱特琳來掌理非關鍵要務。凱特琳喜好系統和流程的組織工作。她十分熱中於追蹤和完成大型任務與專案。她鍾愛解決問題和搞定事情。

有了凱特琳分憂解勞，喬西的工作變得十倍有趣和十倍優質，也更能專注於自己熱愛的少數領域。最終，喬西和凱特琳均確認各自的關鍵要務，然後團隊和她們身邊的各類角色將自主且有機地擴增。

在此提醒各位。丹常說，當團隊成員自主地在獨特能力所及領域發揮所長，他們做的事將益發富有價值，並且令人印象深刻。事實上，他們將變得無比珍貴，也將享有許多另棲高枝的選擇。

誠如丹在《自主管理的公司》（*The Self-Managing Company*）所闡釋：

> 「企業科層體系認為，每個人都可以被取代，永遠不要依賴任何人。然而，實際上，造就卓越組織的唯一方式是增進人才的獨一無二能力，使其達到實質上無人能及的程度。倘若他們因故必須離職，你將難以找到人來替代他們。你理應創造某種新事物，並讓做事的人無可取代，這是我們務須承擔的一項風險。我認為，不冒這種風險，公司將難以出類拔萃。這是企業臻至卓越的唯一方法。」[25]

這是達到超群絕倫必然要承擔的「風險」。當你提供自由的環境和十倍願景，使身在其中的人們得以徹底轉化自己，即能造就具有獨一無二能力、可貢獻十足出色成果的員工。儘管認真看待獨一無二能力的組織寥若晨星。

嚴肅以對自身獨特能力的企業創辦人或領導者也屈指可數，更遑論成為自主管理公司的變革型領導人。然而，我們絕對值得放手一搏。我們理應創造自由的環境，讓合適的人才能持續精進自身角色和開創利基。

關於培育具高價值獨特能力的不可思議人才，還應留意一項風險，也就是切莫揚棄十倍願景。一旦失去十倍成長的遠見，最卓越的人才將棄你而去。唯有秉持十倍成長思維者能夠組成最佳團隊。

你的願景是否引人入勝、足以讓最優秀人才洞見十倍成長的未來和個人成長空間？你的事業能否使團隊成員感到振奮、充滿能量，和實現自我轉化？

當你朝向十倍願景邁進時，那些純粹只是需要工作、抱持二倍成長思維的人將會求去。他們不渴望達到你的願景要求的自我轉化層級。倘若你認真看待十倍願景，當以自由做為實現十倍成長思維的語言和作業系統，這包括你自身的自由，以及所有與你一同展開十倍成長歷險者的自由。

請你想一想：

- 你是否認真看待自己的獨一無二能力，並擺脫八成非核心事務從而獲得自由？

- 身為領導者，你是否以身作則並開創自由的文化，使你的團隊能夠嚴肅以對他們的獨一無二能力？
- 你的自主管理團隊是否有自信，全心全意發展各自的獨特能力、磨礪他們各自的角色，以尋覓恰當人才助其處理非關鍵事物？

各項核心應用：

- 立刻著手聘用人才為你處理八成的非首要事物。
- 找到第一個幫手，或許是接手多數後勤事務和流程的行政助理，從而使你有餘裕專注於自己最擅長的要務。讓他為你組織一切、使事情有條有理，於是你不再親力親為、更專心致志於創意和技藝。讓對的人欣然且成功地處理流程和組織相關事務。請記得，法蘭克．辛納屈不會自己搬運他的鋼琴。你也不須事必躬親。
- 著手搜尋人生中所有關鍵領域的人才。這將助益你人生各層面的深度、品質和心流。你找來的每位幫手都是對自我、人生和種種結果的一項投資。
- 培訓領導人才來接掌你在公司的領導職位，不必等到完全做好準備。創立自主管理的公司，你不涉入日常事務，公司也能順利運作。你聘任或培育的領導人才在統御組織與團隊上將青出於藍，除非那是你百分之百的獨一無二能力所及領域。即使如此，你最優質的貢獻仍在於持續擴展自我、領導力、願景，以及為利基客群日益增進自己的獨特能力與影響力。

- 開創自由的文化以激勵所有團隊成員，闡明和擴展各自特有的能力。每位成員將日漸確認令其振奮的二成關鍵要務，並把八成非核心事物移交給他們協力找到和培訓的新人處理。

本章重點

- 為了不斷締造十倍成長，創業家至少須經歷四個核心層級。你更上層樓的速度愈快，後續的十倍躍進將更迅速和輕鬆。
- 第一層級是個體創業者（solopreneur）或是微管理者（micromanager），也就是活力充沛、親力親為、幫手稀少的個人。或是雇用若干助手且對他們施加微管理、阻礙自己的自由與成長、遏制員工的自主和發展者。美國隱蔽攜槍協會創辦人暨執行長提姆．施密特處於這個層級逾十年，之後才進階到第二層級。

- 第二層級創業家進化為運用「成事在人不在於方法」原則的領導者。經由應用此原則，你在十倍成長的關鍵要務上發揮獨一無二的能力。你完全信任助手能扮演好各自的角色、妥適地處理非核心事物。而且你不須實行微管理。你給予他們信任和自主權，以及明確的願景和種種標準。
- 第三層級創業家超越全面運用上述原則的層次、創建自主管理的公司，從而不再插手或引領其事業的日常運作，培訓或聘任領導人才來統御團隊和公司。但你依然是為公司提供願景的人，也是整體事業的領導者。你並不全然斷開連結。無論如何，公司日趨不需你的介入，漸能自主管理，你將有餘裕全心全意發展獨一無二的能力，去從事探索、擴展、創新和協作。你推進十倍自我轉化，進而使整個公司的願景和自由持續地十倍擴增。
- 第四層級創業家，其自主管理公司每位成員都獲鼓勵去發揮各自的獨一無二能力、完成各自的十倍願景關鍵要務。當他們獨立自主地在特有能力力領域起作用，其技能和價值將令你難以置信。他們成為自主管理、自主治理的領導人才，並持續地超越自身的職責且專注於成果，而非疲於奔命。他們當責不讓，竭盡所能為自己和團隊帶來價值。他們感受到自己獲得信賴、一心一意發展其獨特能力，並不遺餘力地成為富價值且強大的人。最終，他們將找人來接手其八成非核心事物。你的獨特能力團隊將在這個反覆不斷的過程裡持續地自我擴增。

- 最大的風險在於，你的十倍願景將使團隊成員發展出不可思議的獨一無二能力，他們將成為其他組織招賢納才的熱門對象。無論如何，罕有其他人能像你這樣提供給他們十倍願景，以及持續轉化與發展獨特能力的自由。你的團隊成員可能成為無可取代的人，而一旦他們離開公司，你將難以找到替代人選。這是締造卓越的實質風險。
- 不企求十倍成長是邁向卓越過程面臨的最終風險。倘若你不追求十倍躍進，將留不住團隊裡最優秀的人才。二倍成長思維無以振奮或激勵人心，最終留在你身邊的將是一群純粹只想有個工作的人。他們不想要十倍轉化與成長，肯定也無意擴展自身的角色和超越自己。他們不會信任你這個領導者，或對公司有情感上的投入。他們不尋求超越自身職責的十倍成長，反倒是能免則免。

結論

十倍成長比二倍成長更簡單

「最終，唯有認清和接受人人都有其整體性和療癒的內在意志，我們才能被徹底改造。內在意志不受意識控制、知道什麼適合我們，且循環不息地透過身體、情感、夢想向我們匯報，更歷久不衰地鼓舞我們。」——詹姆斯・霍利斯（James Hollis）醫師[1]

大衛・霍金斯博士（Dr. David Hawkins）在他的著作《心靈能量》（*Power vs. Force*）發展出「意識地圖」（the Map of Consciousness），藉以測定意識能量等級和表達人的精神和情感發展層次，當中恥辱感為最低的二〇級，開悟則是最高的一〇〇〇級。[2]

所有低於二〇〇級（勇氣）者皆屬於負面情緒，例如：罪疚感（三〇）、冷漠（五〇）、恐懼（一〇〇）或憤怒（一五〇）。較高的情感能量包括：接納（三五〇）、愛（五〇〇）、歡樂（五四〇）與和平（六〇〇）。

霍金斯博士投注數十年發展和研究意識地圖，並且對數百萬人進行測試，據他指出，一般人終其一生，意識能量平均只進步五級。

他在《心靈能量》一書闡釋說：

「全球人類一生意識進展程度平均略高於五級。根據數百萬人的終生經驗，人們通常僅能學到不足掛齒的教訓，他們獲得智慧的過程緩慢且痛苦。只有少數人樂意拋開熟悉事物，多數人抗拒變革或成長。大部分人被其信仰體系局限於較低的意識層次，而且似乎寧死也不願改變。」

根據霍金斯博士的研究，全球逾八成人口的個人意識和情感發展等級，介於一〇〇（恐懼）到一五〇（憤怒）之間。鑑於多數人終其一生意識進展程度僅達五級，大部分人從未能超脫恐懼和憤怒的驅策。即便如此，仍有某些人甚至能在較短的期間裡，達到數百級的意識進展。其實這是人人可望做到的，只是很少有人選擇這麼做。要徹底轉化人生，必須從投入和勇氣（二〇〇級）做起。

一切進展應從說出真相着手。一旦鼓足勇氣、投入十倍夢想，你將能進化到霍金斯意識地圖的較高層次。你將達到接納、愛、和平，甚至於開悟的境界。方法在於剝除層層表象、展現真我。當你把獨一無二的能力發展到深不可測的境地，而且有意識地選擇自由的人生，你的生命力量將日益強大。你的行動將不再出於情緒而訴諸蠻力。

你將停止強迫自己做任何不想做的事。你將接受和憑藉心理學家所稱的拉力動機（pull motivation）而不是靠推力動機（push motivation）過活。[3,4] 當你被自己想要的、令人振奮的事情拉動時，即是自由地基於內在動機而行動。

你的行動不再是迫於需要而是出於想要；你將自由自在。你也將停止迫使他人做任何不想做的事，並為身邊所有人開創十倍成長的自由與轉化文化。你將只和全然投身於自由、發揮獨特能力的人共事。你周遭的每個人都將逐步達到十倍轉化。

霍金斯發現，在意識能量地圖的較高層次，人們經歷更大且更深刻的漣漪效應（ripple effects）。以下是霍金斯博士的解說：

- 生活隨著樂觀能量律動且對他人不偏不倚（三一〇）的人，將能抵消九萬名意識能量等級較低者的負面能量。
- 生活隨著純愛和敬重一切生命（五〇〇）的能量而律動者，將可抗衡七十五萬名意識能量等級較低者的負面能量。
- 生活隨著啟示、幸福及無盡平和（六〇〇）的能量而律動的人，將能平衡一百萬名意識能量等級較低者的負面能量。

- 生活隨著通情達理、純粹精神、心身不二或完整合一（七〇〇到一〇〇〇）的能量而律動者，將能抵補七千萬名意識能量等級較低者的負面能量。[5]

霍金斯博士的測量是否確切，並非十分重要，重點在於他想要傳達的核心訊息，而且其與本書意圖傳遞的訊息同樣事關重大。經由剝去層層表象、展現真我和達到十倍成長，你的人生將益發專注和純粹。你的獨一無二能力將日漸珍稀且富有價值。

借用作家卡爾・紐波特（Cal Newport）的話來說，你的「各項珍稀且富有價值的技能」將產生「優質到不能忽視的」成果。[6] 你變得更純粹且更專注，而且你做的每件事情造成的漣漪效應，將具有更高效的槓桿作用和影響力。

正如中國諺語所說的「四兩撥千斤」，也就是施力小而收效大。當你深度發揮獨一無二的能力，將可更輕而易舉地產生十倍、百倍、千倍甚至更大的影響力和槓桿作用。運用槓桿即能做到四兩撥千斤。

我來說一個關於核能發電廠的虛構故事。有家核電廠因不明原由的故障而致電力生成趨緩、整體效能降低。這成為該廠一個非常棘手的發展瓶頸。[7] 工程師費時數個月力圖化解難題，然而徒勞無功，最後只好求助全國首屈一指的核電工程師。這位專家花數小時檢視了電廠每個小細節——仔細觀察數百個儀表板和測量儀器，並且做筆記和進行相關計算。

在工作近一整天之後，這位冠絕群倫的工程師從口袋裡拿出一支馬克筆，並在一組測量儀器上畫了一個大叉。他指著叉號說，「問題出在這裡，把這個換掉，一切將恢復常態運作。」然後專家便離開核電廠、搭機回家。

當天晚上，這位頂尖工程師的助理以電郵寄給核電廠經理一份費用清單，總金額為五萬美元。儘管工程師解決的難題曾每週耗掉電廠數十萬美元成本，電廠經理仍對這筆費用感到震驚。他回覆說，「不到一天的工作怎麼可能有五萬美元的價值？他不過是用馬克筆畫了個大叉。」

工程師的助理回說，「那個叉號值一美元，而精通應在哪裡畫上叉號的知識，則值四萬九千九百九十九美元。」以作家暨演說家布萊恩．崔西（Brian Tracy）的話來說，「重點在於知道應在哪裡打上叉號。」解決問題的「焦點」就是切中要害地發揮自身的獨一無二能力。

你的獨特能力愈能一再達到十倍進化，則你聚焦做的一切事情將益加強效和具影響力，因為你將日益憑心靈力運作，而非迫於外力做事。你將擁有極強效的槓桿和心流。同時，你將始終如一地擴展四大自由：

一、時間自由；

二、財富自由；

三、人際圈自由；

四、目標自由。

這四大自由都屬於個人層面，而且著重於品質。它們的基礎在於品質與價值而非數量及比較。當你企求十倍成長，時間、財富、人際圈和人生整體目標及使命的品質與價值都將擴展。接下來我將分析自己從二〇二二年初到當年十一月的前後變化，藉以總結本書。在這段期間，我的人生於諸多方面發生深刻的質的變化且益發優質。我可以分辨出其間的差別，而且用收穫心態來明確地衡量這些差異是一件好事。

現今的我與十到十二個月前已不可同日而語，而且中間的變化是非線性的。我的人生、人際圈、注意力、專注力的整個體系和脈絡，全然是從我先前的狀態進化而來，而我一路走過的顯然並非線性路徑。

首先，世界變得截然不同。然後，我的發展軌跡屬於非線性且日益優質。再來，我更自由地生活和培養獨特能力。最後，連我的團隊也能實行自主管理，而且我們攜手持續系統化和提升卓越的最低標準。

最近，我獲得機會將書中概念帶進一個獨特且對我具有個人意義的環境。我所屬羅德岱堡教會的傳道部領導者，邀請我擔任傳道部的領導力教練。傳道部領導者製作了電子表格，說明該部約二百名傳教士在過去一年間，已為四百三十人完成洗禮。

電子表格把尋覓受洗者的活動分為三個核心類別：

一、與教友一起找尋；

二、傳教士用挨家挨戶敲門等方式尋訪；

三、利用社群媒體吸引人。

四〇%受洗者是教友幫忙找來，以及教會的教導者轉介而來。三四%的洗禮是傳教士自己努力的成果，其中一三%是他們教導的人員推介而來。二六%受洗者是透過社群媒體宣教活動找到心靈歸屬。

在教練教會成員培養領導力期間，我曾詢問傳教士們日常工作時數：

「八小時，」他們回答說。

「這當中有幾個小時是和教友共事？」我問道。

「可能有一個小時，」他們答道。

「運用社群媒體的時間呢？」我問說。

「大約十五到三十分鐘，」他們回說。

「讓我理清一下頭緒。六六%的洗禮是每天投注約一個半小時尋找受洗者的成果？」

一點五小時除以八小時，等於一八・七五%，還不到二〇%。倘若把傳教士花個幾分鐘請宣教對象轉介所促成的一三%洗禮算進來，那麼他們投注的約二〇%工作時間產生了近八〇%的成果。根據限制理論，每個單位或體系都有一個核心目標。這個核心目標會凸顯出達成目標的過程務須解決的核心限制或是瓶頸。若化解不了這個難關，不論你傾注多少能量、投入多大的努力，都難以達成目標。

你的二成關鍵要務就是突破這個瓶頸。其他的一切都屬於八成無關宏旨、通過不了目標濾器的事物。在多數公司裡，大部分的活力和資源被用於八成非關鍵事物，這是企業泰半只達到線性成長而非指數型成長的原因。多數公司頂多獲致二倍成長，而無法十倍躍進。著眼於十倍成長，你理應拋開八成雜務，全心全意將能量、專注力和資源投注於處理好二成的關鍵要務、解決發展瓶頸。

傳教士們竭誠地在數位「地區記事簿」記錄每個接觸和教導過的人。當他們遇見某個人並對其宣教，這個人將成為數位記事簿裡一個彩色的點。倘若雙方有進一步的互動，比如說這個人想學習更多教義，或是想參與教會活動，代表他的那個點將會變換顏色。

我向傳教士們闡釋了適性函數這個概念，並指出其自我完善的目的是人或團體。「假如你們想讓受洗者倍增，理應使地區記事簿上現有的半數人接受洗禮。沒問題吧？」我的說明令他們大開眼界。

他們開始明白其自我優化的目的是為了那些接觸和教導過的人們。當他們為個人或家庭施洗，即是實現其真正的目標。十倍成長的關鍵是更優異的品質和更少的數量。傳教士在地區記事簿裡標記的人們，有些是挨家挨戶敲門而得以接觸（回應率很低，僅達一％甚至低於一％），而且通常未曾想過接受洗禮。

並非所有彩點都是平等地創造出來的；並非所有洗禮都是平等地創造出來的。傳教士或許接觸了數千人、在地區記事簿上標記了數千個點，然而實際受洗的人數可能屈指可數。若要使受洗者增多，理應訴求最具成效的三類活動：與教友協力、尋求受教導民眾的轉介，以及善用社群媒體。

「如果你想要迅速致勝，大可持續做八成非關鍵的事、繼續收集五彩繽紛的點。」我告訴他們。「倘若你們想擴大格局，並提升各項標準和底線，理當放手八成非核心事務、不再以集點為優化目標。」

一位女性傳教士問說：「但我們被教導要保持『所有釣魚線』在水裡，而我覺得你是要我們把多數釣魚線拉出水面。」我回答道：「假如錯把魚線放進了無魚可釣的池塘會怎樣？」另一位女性傳教士舉手說道：「這使我想起聖彼得和他的兄弟徹夜捕魚卻一無所獲的故事。後來耶穌現身並告訴他們，到船的另一側撒網，結果豐收的魚獲差點使船沉沒。」

當你堅持重複做一直在做的事，基本上不可能達到十倍成長。唯有擴展願景、專注於二成關鍵要務，才能夠獲致令你轉化的成果。

教會領袖受上帝啟發，想要把教會每個月為五十人施洗的最低標準提升為每個月為一百人舉行洗禮。傳教士們現今領悟到，倘若他們不放手八成無關宏旨的事物，就不可能實現教會的新標準。如果他們專注於二成關鍵要務，並在做這些事上更具技巧且達到十倍優質，那麼他們將能在短期內落實新基準。實際上，他們將輕易地遠遠超越新標的。

確實，只要他們認真專注於第一要務，在關鍵事項上達到十倍優質，並且擺脫阻礙他們前進的八成非核心事物，他們將能獲致十倍成長。

請你想一想：

- 你懷抱什麼樣的十倍願景？
- 你專注的二成關鍵要務是什麼？
- 你擁有什麼獨一無二的能力？
- 你是否致力於追求十倍成長和創立自主管理的公司？
- 你參與的是無限賽局嗎？或者是困在有限賽局之中？

- 你是否已為十倍自由和目標做好準備？
- 你準備不斷拋開八成非關鍵事物、持續地把時間奉獻給日益精進的二成關鍵要務中的核心事項嗎？你將演變為更強大、更獨特的優化版本嗎？

十倍成長易於二倍成長。

獲致二倍成長須不斷重複行得通的事，而且要做得更多。這講求蠻力，而非運用智力，既無關轉化，也不涉及思維升級。

十倍成長是在迥然有別的未來願景的基礎上，做截然不同的事情。要達到十倍躍進，理應化解瓶頸、處理好二成的關鍵要務。我們理應全心全意地欣然接受，並且徹底轉變瓶頸、時時領悟，這個瓶頸始終是我們自己。

丹的致謝

首先我要向妻子芭芭拉・史密斯致上永遠的感激之意，她從創業家成長過程累積的畢生智慧，總是引導我做出明智的抉擇。她在各方面獲致十倍成長，並且使一切成真。

這是我和班・哈迪合著的第三本書。他兼具大師級的思維和寫作能力，一系列的合作使我與有榮焉。我們共同經歷了一趟奇妙的更上層樓的旅程。

我特別要公開感謝香農・沃勒（Shannon Waller）、茱莉亞・沃勒（Julia Waller）、凱西・戴維斯（Cathy Davis）、艾萊諾拉・曼奇尼（Eleonora Mancini）和塞拉菲娜・普皮洛（Serafina Pupillo），她們都是不可或缺的教練團隊成員，整體的年資逾一百二十五年，以不勝枚舉的方式貢獻其獨特才能，確保本書呈現出最優質、最精確的成果。

我也衷心感謝盡職盡責的教練夥伴們，奉獻多年的專業智慧和故事，使種種概念得以在商業策略教練公司獲得實踐。你們的投入持續深化和擴展教練計畫，對公司在創業家培育業界維持最顯要地位至關重要。

我十分珍視彼此的協作關係。本書所有的十倍成長思維與策略，全都源自一九七四年以來我們和二萬二千多位學員、在各級課程中約五萬多小時討論的成果。這些學員都是天資優異且富創意的極成功創業家。

我深深感謝這個獨特的學習機會，始終以各種令人意外和愉快的方式，持續促進我的成長。

班的致謝

這本書的寫作全然是一個非比尋常的過程。這是一趟驚險刺激的旅程，在諸多方面改變了我的人生。回顧我內在與外在的整個人生，如今的我與二〇二一年底開始寫書時的我，之間的差異令人深感驚訝。我內外心理與樣貌均發生非線性的、品質上的進化。

妻子和我重新框架了對我們至關重要的事物，以及我們渴想的生活方式。我們大幅改變人際關係、家庭的氛圍和文化，以及我們與六個小孩之間的互動方式。我們過著愈發基於想要，而非迫於需要的生活。

我的辦公室煥然一新，更能和我的願景和渴望的生活風格產生共鳴。我換了新車。我擺脫了昔日的許多偏見、弱點、雜念，以及把我困在二倍成長思維裡、無助於十倍成長的人們。我的日程表和處理時間的方法也氣象一新。我不再忙忙碌碌，時間變得遠為緩慢和純粹，我有了更大的時間塊來運用創意和專注力，並把整整數天甚至數週奉獻給基於心流的專注，以及回復活力的過程。我的身分認同與各項標準全面演進、也益加明確，而且我較以往更為投入。

我的事業的結構和焦點亦有別於往昔，變得更為純粹，聚焦於我致力達到的十倍成長，因此我拋開成為阻礙的諸多非關鍵事物，當中包括我的事業過去五年曾經最有利可圖的若干層面。

之所以提起這一切，我只想表達自己全然謙卑。我因此書呈現的各項觀念和形形色色故事，達成徹底地自我轉化。寫作此書使我的人生幡然改觀，甚至改變了我的寫作方法。我全力以赴，提供所有讀者達成人生質與量十倍轉化的最可能途徑，這包含先前已曾數度獲致十倍成長思維的讀者群。

我要感謝許多不可或缺的重要人士，對我了解各項概念和用實至名歸的方式呈現種種概念、故事、理念助益良多。

首先要向丹和芭芭拉致謝，他們把闡述其各項概念和理念的重任託付給我，此外他們非凡的教練團隊和策略教練公司成員，也提供了諸多洞見和故事，幫我讓丹的各式想法於書中顯得生動有趣。我很幸運能親近丹與芭芭拉並得到他們的祝福。在各次合作著書期間，我有幸和丹多次透過 Zoom 進行視訊會談。這並非理所當然的事，而是莫大的榮幸，確確實實地使我美夢成真。

我也由衷感謝策略教練公司的香農・沃勒、茱莉亞・沃勒和凱西・戴維斯。妳們待我如同家人，不遺餘力地支持我！謝謝妳們！

我還要特地向霍華・蓋特森致謝，多年來我們在各項主題上的對話使我受益匪淺。你的十倍成長思維卓越出眾，倘若沒有你深思熟慮的言語、勇氣和洞見加持，本書將難以如此清晰易讀和強而有力。

誠摯感謝策略教練公司全體教練，你們不僅為我付出時間、提供故事和洞見，更給予我情感上的奧援。我也特別感激查德・約翰遜（Chad Johnson）、艾德麗安・達菲（Adrienne Duffy）、金・巴特勒（Kim Butler）、李・布勞爾（Lee Brower）和科琳・鮑爾（Colleen Bowler）。同時也要謝謝其他惠賜時間、回饋意見和各種支持的教練們。你們想像不到自己對我有多大的助益。我在理解和表達各位游刃有餘地教導及體現這些觀念上，十分仰賴你們。

此外，也要感謝所有接受訪談的策略教練公司成員和受訓創業家們。不論本書有否採用你們提供的故事，你們的協助都同樣重要。感謝你們對書中各項想法付出的愛和傑出的應用行動。你們的故事幫我更全面地理解十倍成長、獨一無二能力、自由日和擁有自主管理團隊的意義。你們的寬宏大量、熱忱與愛，令我感激不盡。

感謝賀氏書屋（Hay House）再次信任我的著作。自二〇二〇年以來，這已是我們一同出版的第四本書，我期望日後雙方將有更多合作。我要特別向直接協力的瑞德・特雷西（Reid Tracy）、派蒂・吉福特（Patty Gift）和梅洛迪・蓋伊（Melody Guy）致謝，你們的耐心幫我克服了專業寫作的成長困境。尤其要謝謝過去曾幫我完成四部書的編輯梅洛迪。感激妳以獨特的方式支持我寫成這些書，當中包括三部與丹和夫人共同寫作的書。妳的毅力、奧援和深刻見解都不可思議。再次感謝各位。

謝謝所有幫我完成此書的人，感謝塔克・馬克斯（Tucker Max）的友誼、情感支持、智慧言語，和使本書變得扎實且日益精進的重要觀點。你也使我在為人和寫作上日進有功。感激佩吉蘇・威爾斯（PeggySue Wells）與我數度檢閱全書，並提供令人驚奇的編輯洞見和奧援。向海倫・希利（Helen Healey）致上謝意，妳在最後階段參與本專案，幫我把此書從優良提升到卓越的狀態（以妳的話來說，從五分提升到九分），感謝妳貢獻的睿智、實效和洞察力。最後要感謝我的母親蘇珊・奈特（Susan Knight）始終一路相挺，總是透過電話與我談論人生、寫作和閱讀。也謝謝妳透過Zoom視訊與我一起閱讀初稿，並幫我闡明書中種種想法。媽，我愛妳！

感謝支持我的團隊、客戶及讀者們。尤其要謝謝雀爾喜・詹肯（Chelsea Jenkins）、娜塔莎・薛夫曼（Natasha Schiffman）、珍妮莎・卡特森（Jenessa Catterson）、亞歷斯・旺森（Alexis Swanson）、凱特琳・查德威（Kateyln Chadwick）、卡拉・艾維（Kara Avey）、克斯

汀·瓊斯（Kirsten Jones）和凱特琳·莫滕森（Kaytlin Mortensen）。你們的一切努力惠我良多。在我寫書時，為我維持事業如常運轉，感謝你們捨我其誰的精神、自主管理的能力，為我的事業奉獻熱忱和帶來目的感！

向支持我的美麗妻子蘿倫和六個小孩致上謝忱。我非常愛你們！謝謝你們成為我的人生最令人振奮且充滿目的感的層面。你們每天都幫我成為十倍優質的人。我滿心謙卑，並且對彼此共享的生活與共創的經驗，滿懷感激之情。感謝你們在我身為丈夫、父親、專業人士和供養者的成長與進化過程中，始終堅定不移。

我也感謝父親菲利普·哈迪（Philip Hardy）和兩位手足崔佛和賈伯（Trevor and Jacob Hardy）給我的情感奧援。還要謝謝丹尼爾·阿馬托（Daniel Amato）、查德·威拉德森（Chad Willardson）、內特·蘭伯特（Nate Lambert）、瑞奇·諾頓（Richie Norton）、德雷·瑞德芬（Draye Redfern）、韋恩·貝克（Wayne Beck）和喬·波力士對我的人生和專業提供的友誼和情感支持。

最後，榮耀歸於上帝。感謝天父賜予生命、令人驚奇的轉化體驗、始終如一的支持、不斷擴展的願景和各項才能。感謝主賦予我選擇生活方式、主導自己人生的能力。

商業策略教練公司提供的額外資源：

如果你想把自己的思維提升到十倍成長，請造訪 www.10xeasierbook.com 以取得種種額外的工具和資源。

註解

卷首語

1 Ferriss, T. (2018). *Astro Teller, CEO of X – How to Think 10x Bigger (#309)*. The Tim Ferriss Show.

序章

1 Stone, I. (2015). *The Agony and the Ecstasy*. Random House.

2 Stone, I. (2015). *The Agony and the Ecstasy*. Random House.

3 Holroyd, C. Michael Angelo Buonarroti, with Translations of *the Life of the Master* by His Scholar, Ascanio Condivi, and Three Dialogues from the Portuguese by Francisco d' Ollanda. London, Duckworth and Company. P. 16. X111. 1903. http://www.gutenberg.org/files/19332/19332-h/19332-h.html#note_20

4 Condivi, A. The Life of Michelangelo. Translation: Baton Rouge, Louisiana State University Press, F1976. 書中所引米開朗基羅的話是根據沃爾（Whol）的文本及其他關於米開朗基羅的讀物改寫。

5 Doorley, J. D., Goodman, F. R., Kelso, K. C., & Kashdan, T. B. (2020). Psychological flexibility: What we know, what we do not know, and what we think we know. *Social and Personality Psychology Compass, 14* (12), 1–11.

6 Kashdan, T. B., & Rottenberg, J. (2010). Psychological flexibility as a fundamental aspect of health. *Clinical Psychology Review*, 30(7), 865–878.

7 Bond, F. W., Hayes, S. C., & Barnes-Holmes, D. (2006). Psychological flexibility, ACT, and organizational behavior. Journal of *Organizational Behavior Management*, *26*(1–2), 25-54.

8 Kashdan, T. B., Disabato, D. J., Goodman, F. R., Doorley, J. D., & McKnight, P. E. (2020). Understanding psychological flexibility: A multimethod exploration of pursuing valued goals despite the presence of distress. *Psychological Assessment*, 32(9), 829.

9 Godbee, M., & Kangas, M. (2020). The relationship between flexible perspective taking and emotional well-being: A systematic review of the "self-as-context" component of acceptance and commitment therapy. *Behavior Therapy*, 51(6), 917–932.

10 Yu, L., Norton, S., & McCracken, L. M. (2017). Change in "self-ascontext" ("perspective-taking") occurs in acceptance and commitmenttherapy for people with chronic pain and is associated with improved functioning. *The Journal of Pain*, 18(6), 664–672.

11 Zettle, R. D., Gird, S. R., Webster, B. K., Carrasquillo-Richardson, N., Swails, J. A., & Burdsal, C. A. (2018). The Self-as-Context Scale: Development and preliminary psychometric properties. *Journal of Contextual Behavioral Science*, 10, 64–74.

12 De Tolnay, C. (1950). *The Youth of Michelangelo*. Princeton University Press; 2nd ed. pp. 26–28.

13 Coughlan, Robert (1966). *The World of Michelangelo*: 1475–1564. et al. Time-Life Books. p. 85.

14 Stone, I. (2015). *The Agony and the Ecstasy*. Random House.

15 埃里希・佛洛姆（Fromm, E.）《逃避自由》（*Escape from Freedom*. Macmillan. 1994）

16 丹・蘇利文與班傑明・哈迪（Sullivan, D., & Hardy, B.）《成功者的互利方程式：解開成事在「人」的祕密，投資好的人，贏得你的財富、時間、人際、願景四大自由》（*Who Not How: The formula to achieve bigger goals through accelerating teamwork*. Hay House Business. 2020）

17 Carse, J. (2011). *Finite and Infinite Games*. Simon & Schuster.

18 Hardy, B. (2016). Does it take courage to start a business? (Masters' thesis, Clemson University).

19 Hardy, B. P. (2019). Transformational leadership and perceived role breadth: Multi-level mediation of trust in leader and affective organizational commitment (Doctoral dissertation, Clemson University).

20 Hardy, B. (2018). *Willpower Doesn't Work: Discover the hidden keys to success*. Hachette.

21 丹・蘇利文與班傑明・哈迪（Sullivan, D., & Hardy, B.）《成功者的互利方程式：解開成事在「人」的祕密，投資好的人，贏得你的財富、時間、人際、願景四大自由》（*Who Not How: The formula to achieve bigger goals through accelerating teamwork*. Hay House Business. 2020）

22 丹・蘇利文與班傑明・哈迪（Sullivan, D., & Hardy, B.）《收穫心態：跳脫滿分思維，當下的成功和幸福，由你決定》（*The Gap and The Gain: The high achievers' guide to happiness, confidence, and success*. Hay House Business. 2021）

23 羅伯・葛林（Greene, R.）《喚醒你心中的大師》（*Mastery*. Penguin. 2013）

24 T・S・艾略特（Eliot, T. S.）《四重奏四首》（*Four Quartets*. Harvest. 1971）

第一章

1 理查・柯克（Koch, R.）《80/20法則：商場獲利與生活如意的成功法則（20週年擴充新版）》（*The 80/20 Principle: The secret of achieving more with less: Updated 20th anniversary edition of the productivity and business classic*. Hachette UK. *2011*）

2 Wided, R. Y. (2012). For a better openness towards new ideas and practices. *Journal of Business Studies Quarterly*, 3(4), 132.

3 Snyder, C. R., LaPointe, A. B., Jeffrey Crowson, J., & Early, S. (1998). Preferences of high- and low-hope people for self-referential input. *Cognition & Emotion*, 12(6), 807–823.

4 Chang, E. C. (1998). Hope, problem–solving ability, and coping in a college student population: Some implications for theory and practice. *Journal of Clinical Psychology*, 54(7), 953–962

5 Charlotte Law, M. S. O. D., & Lacey, M. Y. (2019). How Entrepreneurs Create High-Hope Environments. *2019 Volume 22 Issue 1* (1).

6 Vroom, V., Porter, L., & Lawler, E. (2005). Expectancy theories. *Organizational Behavior*, 1, 94–113.

7 Snyder, C. R. (2002). Hope theory: Rainbows in the mind. *Psychological Inquiry*, 13(4), 249–275.

8 Landau, R. (1995). Locus of control and socioeconomic status: Does internal locus of control reflect real resources and opportunities or personal coping abilities? *Social Science & Medicine, 41*(11), 1499–1505.

9 Kim, N. R., & Lee, K. H. (2018). The effect of internal locus of control on career adaptability: The mediating role of career decision–making self–efficacy and occupational engagement. *Journal of Employment Counseling*, 55(1), 2–15.

10 Holiday, R. (2022). *Discipline Is Destiny: The power of self-control (The Stoic Virtues Series)*. Penguin.

11 Sullivan, D. (2019). *Who Do You Want to Be a Hero To?: Answer just one question and clarify who you can always be*. Strategic Coach, Inc.

12 Csikszentmihalyi, M., Abuhamdeh, S., & Nakamura, J. (2014). *Flow*. In Flow and the foundations of positive psychology (pp. 227–238). Springer, Dordrecht.

13 Heutte, J., Fenouillet, F., Martin-Krumm, C., Gute, G., Raes, A., Gute, D., ... & Csikszentmihalyi, M. (2021). Optimal experience in adult learning: conception and validation of the flow in education scale (EduFlow-2). *Frontiers in Psychology*, 12, 828027.

14 Csikszentmihalyi, M., Montijo, M. N., & Mouton, A. R. (2018). Flow theory: Optimizing elite performance in the creative realm.

15 Kotler, S. (2014). *The Rise of Superman: Decoding the science of ultimate human performance*. Houghton Mifflin Harcourt.

16 詹姆・柯林斯（Collins, J.）《從A到A+：企業從優秀到卓越的奧祕》（*Good to Great: Why some companies make the leap and others don't*. HarperBusiness. 2001）

17 Sullivan, D. (2015). *The 10x Mind Expander: Moving your thinking, performance, and results from linear plodding to exponential breakthroughs*. Strategic Coach Inc.

18 Hardy, B. (2016). Does it take courage to start a business? (Masters' thesis, Clemson University).

19 Snyder, C. R. (2002). Hope theory: Rainbows in the mind. *Psychological Inquiry*, *13*(4), 249–275.

20 Feldman, D. B., Rand, K. L., & Kahle-Wrobleski, K. (2009). Hope and goal attainment: Testing a basic prediction of hope theory. *Journal of Social and Clinical Psychology, 28* (4), 479.

21 Baykal, E. (2020). A model on authentic leadership in the light of hope theory. *Sosyal Bilimler Arastirmalari Dergisi, 10* (3).

22 Bernardo, A. B. (2010). Extending hope theory: Internal and external locus of trait hope. *Personality and Individual Differences, 49* (8), 944-949.

23 Tong, E. M., Fredrickson, B. L., Chang, W., & Lim, Z. X. (2010). Re-examining hope: The roles of agency thinking and pathways thinking. *Cognition and Emotion, 24* (7), 1207–1215.

24 Chang, E. C., Chang, O. D., Martos, T., Sallay, V., Zettler, I., Steca, P., ... & Cardeñoso, O. (2019). The positive role of hope on the relationship between loneliness and unhappy conditions in Hungarian young adults: How pathways thinking matters!. *The Journal of Positive Psychology, 14* (6), 724–733.

25 Pignatiello, G. A., Martin, R. J., & Hickman Jr, R. L. (2020). Decision fatigue: A conceptual analysis. *Journal of Health Psychology, 25* (1), 123–135.

26 Vohs, K. D., Baumeister, R. F., Twenge, J. M., Schmeichel, B. J., Tice, D. M., & Crocker, J. (2005). Decision fatigue exhausts self-regulatory resources—But so does accommodating to unchosen alternatives. Manuscript submitted for publication.

27 Allan, J. L., Johnston, D. W., Powell, D. J., Farquharson, B., Jones, M. C., Leckie, G., & Johnston, M. (2019). Clinical decisions and time since rest break: An analysis of decision fatigue in nurses. *Health Psychology, 38* (4), 318.

28 丹・蘇利文與班傑明・哈迪（Sullivan, D., & Hardy, B.）《成功者的互利方程式：解開成事在「人」的祕密，投資好的人，贏得你的財富、時間、人際、願景四大自由》（*Who Not How: The formula to achieve bigger goals through accelerating teamwork*. Hay House Business. 2020）

29 Dalton, M. (1948). The Industrial ” Rate Buster” : A Characterization. *Human Organization*, 7(1), 5-18.

30 Drew, R. (2006). Lethargy begins at home: The academic rate-buster and the academic sloth. *Text and Performance Quarterly*, 26(1), 65–78.

第11章

1 Koomey, J. (2008). *Turning Numbers into Knowledge: Mastering the art of problem solving*. Analytics Press.

2 葛瑞格・麥基昂（McKeown, G.）《少・但是更好》（*Essentialism: The disciplined pursuit of less. Currency*. 2020）

3 McAdams, D. P. (2011). *Narrative identity. In Handbook of identity theory and research* (pp. 99–115). Springer: New York, NY.

4 Berk, L. E. (2010). *Exploring Lifespan Development (2nd ed.)*. Pg. 314. Pearson Education Inc.

5 Sitzmann, T., & Yeo, G. (2013). A meta–analytic investigation of the within–person self–efficacy domain: Is self–efficacy a product of past performance or a driver of future performance?. *Personnel Psychology, 66* (3), 531–568.

6 Edwards, K. D. (1996). Prospect theory: A literature review. *International Review of Financial Analysis, 5* (1), 19–38.

7 Haita-Falah, C. (2017). Sunk-cost fallacy and cognitive ability in individual decision-making. *Journal of Economic Psychology, 58*, 44–59.

8 Strough, J., Mehta, C. M., McFall, J. P., & Schuller, K. L. (2008). Are older adults less subject to the sunk-cost fallacy than younger adults?. *Psychological Science, 19* (7), 650–652.

9 Knetsch, J. L., & Sinden, J. A. (1984). Willingness to pay and compensation demanded: Experimental evidence of an unexpected disparity in measures of value. *The Quarterly Journal of Economics, 99*(3), 507–521.

10 Kahneman, D., Knetsch, J. L., & Thaler, R. H. (1990). Experimental tests of the endowment effect and the Coase theorem. *Journal of political Economy, 98* (6), 1325–1348.

11 Morewedge, C. K., & Giblin, C. E. (2015). Explanations of the endowment effect: an integrative review. *Trends in Cognitive Sciences, 19* (6), 339–348.

12 Festinger, L. (1957). *A Theory of Cognitive Dissonance*. Stanford University Press.

13 Heider, F. (1946). Attitudes and cognitive organization. *Journal of Psychology, 21*, 107-112.

14 Heider, F. (1958). *The Psychology of Interpersonal Relations*. New York: John Wiley.

15 Doorley, J. D., Goodman, F. R., Kelso, K. C., & Kashdan, T. B. (2020). Psychological flexibility: What we know, what we do not know, and what we think we know. *Social and Personality Psychology Compass, 14* (12), 1–11.

16 Kashdan, T. B., Disabato, D. J., Goodman, F. R., Doorley, J. D., & McKnight, P. E. (2020). Understanding psychological flexibility: A multimethod exploration of pursuing valued goals despite the presence of distress. *Psychological Assessment, 32*(9), 829.

17 Harris, R. (2006). Embracing your demons: An overview of acceptance and commitment therapy. *Psychotherapy in Australia, 12*(4).

18 Blackledge, J. T., & Hayes, S. C. (2001). Emotion regulation in acceptance and commitment therapy. *Journal of Clinical Psychology, 57*(2), 243-255.

19 Hayes, S. C., Strosahl, K. D., & Wilson, K. G. (2011). *Acceptance and Commitment Therapy: The process and practice of mindful change*. Guilford Press.

20 Gloster, A. T., Walder, N., Levin, M. E., Twohig, M. P., & Karekla, M. (2020). The empirical status of acceptance and commitment therapy: A review of meta-analyses. *Journal of Contextual Behavioral Science*, 18, 181–192.

21 Hawkins, D. R. (2013). *Letting Go: The pathway of surrender*. Hay House, Inc.

22 提摩西・費里斯（Ferriss, T.）《一週工作4小時：擺脫朝九晚五的窮忙生活，晉身「新富族」！》（*The 4-Hour Workweek: Escape 9–5, live anywhere, and join the new rich*. Harmony. 2009）

23 MrBeast. (2016). *Dear Future Me (Scheduled Uploaded 6 Months Ago)*. MrBeast YouTube Channel. Accessed on August 22, 2022 at https:// www.youtube.com/watch?v=fG1N5kzeAhM

24 MrBeast. (2020). *Hi Me in 5 Years*. MrBeast YouTube Channel. Accessed on August 22, 2022 at https://www.youtube.com/watch?v=AKJfakEsgy0

25 Rogan, J. (2022). *The Joe Rogan Experience: Episode #1788* – Mr. Beast. Spotify. Retrieved on March 15, 2022, at https://open.spotify.com/episode/5lokpznqvSrJO3gButgQvs

26 麥爾坎・葛拉威爾（Gladwell, M.）《異數：超凡與平凡的界線在哪裡？》（*Outliers: The story of success*. Little, Brown. 2008）

27 Jorgenson, E. (2020). *The Almanack of Naval Ravikant*. Magrathea Publishing.

28 Charlton, W., & Hussey, E. (1999). *Aristotle Physics Book VIII* (Vol. 3). Oxford University Press.

29 Rosenblueth, A., Wiener, N., & Bigelow, J. (1943). Behavior, purpose and teleology. *Philosophy of Science, 10* (1), 18–24.

30 Woodfield, A. (1976). *Teleology*. Cambridge University Press.

31 Baumeister, R. F., Vohs, K. D., & Oettingen, G. (2016). Pragmatic prospection: How and why people think about the future. *Review of General Psychology, 20* (1), 3–16.

32 Suddendorf, T., Bulley, A., & Miloyan, B. (2018). Prospection and natural selection. *Current Opinion in Behavioral Sciences, 24*, 26–31.

33 Seligman, M. E., Railton, P., Baumeister, R. F., & Sripada, C. (2013). Navigating into the future or driven by the past. *Perspectives on Psychological Science, 8* (2), 119–141.

34 Schwartz, D. (2015). *The Magic of Thinking Big*. Simon & Schuster.

35 賽斯・高汀（Godin, S.）《做不可替代的人：天賦，激情與創新》（*Linchpin: Are you indispensable? How to drive your career and create a remarkable future*. Penguin. 2010）

36 詹姆斯・克利爾（Clear, J.）《原子習慣》（*Atomic Habits: An easy & proven way to build good habits & break bad ones. Penguin.* 2018）

37 Hoehn, C. (2018). *How to Sell a Million Copies of Your Non-Fiction Book*. Retrieved on October 5, 2022, at https://charliehoehn.com/2018/01/10/sell-million-copies-book/

38 Berrett-Koehler Publishers. (2020). *The 10 Awful Truths about Book Publishing*. Steven Piersanti, Senior Editor. Retrieved on October 5, 2022, at https://ideas.bkconnection.com/10-awful-truths-about-publishing

39 Clear, J. (2021). 3-2-1: *The difference between good and great, how to love yourself, and how to get better at writing*. Retrieved on November 2, 2022, at https://jamesclear.com/3-2-1/december-16-2021

40 Clear, J. (2014). My 2014 *Annual Review*. Retrieved on October 5, 2022, at https://jamesclear.com/2014-annual-review

41 Clear, J. (2015). My 2015 *Annual Review*. Retrieved on October 5, 2022, at https://jamesclear.com/2015-annual-review

42 Clear, J. (2016). My 2016 *Annual Review*. Retrieved on October 5, 2022, at https://jamesclear.com/2016-annual-review

43 Clear, J. (2017). My 2017 *Annual Review*. Retrieved on October 5, 2022, at https://jamesclear.com/2017-annual-review

44 Ryan, R. M., & Deci, E. L. (2017). *Self-Determination Theory. Basic psychological needs in motivation, development, and wellness.*

45 Deci, E. L., Olafsen, A. H., & Ryan, R. M. (2017). Self-determination theory in work organizations: The state of a science. *Annual Review of Organizational Psychology and Organizational Behavior*, 4, 19–43.

46 Clear, J. (2018). *My 2018 Annual Review*. Retrieved on October 5, 2022, at https://jamesclear.com/2018-annual-review

47 Clear, J. (2019). *My 2019 Annual Review*. Retrieved on October 5, 2022, at https://jamesclear.com/2019-annual-review

48 賽斯・高汀（Godin, S.）《低谷》（*The Dip: A little book that teaches you when to quit (and when to stick)*. Penguin. 2007）

49 詹姆・柯林斯（Collins, J.）《從A到A+：企業從優秀到卓越的奧祕》（*Good to Great: Why some companies make the leap and others don't*. HarperBusiness. 2001）

50 David Bowman, N., Keene, J., & Najera, C. J. (2021, May). *Flow encourages task focus, but frustration drives task switching: How reward and effort combine to influence player engagement in a simple video game*. In Proceedings of the 2021 CHI Conference on Human Factors in Computing Systems (pp. 1-8).

51 Xu, S., & David, P. (2018). Distortions in time perceptions during task switching. *Computers in Human Behavior, 80*, 362-369.

第三章

1 Sullivan, D. (2015). *Wanting What You Want: why getting what you want is incomparably better than getting what you need*. Strategic Coach Inc.

2 Sullivan, D. (2015). *Wanting What You Want: why getting what you want is incomparably better than getting what you need*. Strategic Coach Inc.

3 Graham, P. (2004). *How to make wealth*. Retrieved on October 11, 2022, at http://www.paulgraham.com/wealth.html

4 Sullivan, D. (2015). *Wanting What You Want: why getting what you want is incomparably better than getting what you need*. Strategic Coach Inc.

5 Ferriss, T. (2022). *Brian Armstrong, CEO of Coinbase — The Art of Relentless Focus, Preparing for Full-Contact Entrepreneurship, Critical Forks in the Path, Handling Haters, The Wisdom of Paul Graham, Epigenetic Reprogramming, and Much More (#627)*. The Tim Ferriss Show.

6 Armstrong, B. (2020). *Coinbase is a mission focused company*. Coinbase.com. Retrieved on October 10, 2022, at https://www.coinbase.com/blog/coinbase-is-a-mission-focused-company

7 史蒂芬・柯維和西恩・柯維（Covey, S. R., & Covey, S.）《與成功有約：高效能人士的七個習慣》（*The 7 Habits of Highly Effective People*. Simon & Schuster. 2020）

8 Carter, I. (2004). Choice, freedom, and freedom of choice. *Social Choice and Welfare, 22* (1), 61–81.

9 埃里希・佛洛姆（Fromm, E.）《逃避自由》（*Escape from Freedom. Macmillan. 1994*）

10 維克多・弗蘭克（Frankl, V. E.）《活出意義來》（*Man's Search for Meaning*. Simon & Schuster. 1985）

11 Canfield, J., Switzer, J., Padnick, S., Harris, R., & Canfield, J. (2005). *The Success Principles* (pp. 146–152). Harper Audio.

12 Sullivan, D. (2017). *The Self-Managing Company. Freeing yourself up from everything that prevents you from creating a 10x bigger future*. Strategic Coach Inc.

13 Rodriguez, P. (2022). *Paul Rodriguez | 20 and Forever*. Paul Rodriguez YouTube Channel. Retrieved on October 10, 2022, at https://www.youtube.com/watch?v=xUEw6fSlcsM

14 Stephen Cox (April 11, 2013). "*Paul Rodriguez Interrogated*." The Berrics. Archived from the original on April 13, 2013. Retrieved April 13, 2013.

15 "City Stars Skateboards." Skately LLC. Archived from the original on March 26, 2018. Retrieved April 8, 2018.

16 Sigurd Tvete (July 31, 2009). "*Paul Rodriguez Interview*." Tackyworld. Tacky Products AS. Archived from the original on April 9, 2014. Retrieved September 27, 2012.

17 Transworld Skateboarding, (2002). *In Bloom*. Transworld Skateboard Video.

18 羅伯・葛林（Greene, R.）《喚醒你心中的大師》（*Mastery*. Penguin. *2013*）

19 Rodriguez, P. (2022). *Paul Rodriguez | 20 and Forever*. Paul Rodriguez YouTube Channel. Retrieved on October 10, 2022, at https://www.youtube.com/watch?v=xUEw6fSlcsM

20 Quoted in Howard Gardner, "*Creators: Multiple Intelligences*," in The Origins of Creativity, ed. Karl H. Pfenninger and Valerie R. Shubik (Oxford: Oxford University Press, 2001), 132.

21 Hall, D. T., & Chandler, D. E. (2005). Psychological success: When the career is a calling. Journal of Organizational Behavior: *The International Journal of Industrial, Occupational and Organizational Psychology and Behavior, 26* (2), 155–176.

22 Duffy, R. D., & Dik, B. J. (2013). Research on calling: What have we learned and where are we going?. *Journal of Vocational Behavior, 83* (3), 428–436.

23 Dobrow, S. R., & Tosti-Kharas, J. (2012). Listen to your heart? Calling and receptivity to career advice. *Journal of Career Assessment, 20* (3), 264–280.

24 Duke, A. (2022). *Quit: The power of knowing when to walk away*. Penguin.

25 Sullivan, D. (2019). *Always Be the Buyer: Attracting other people's highest commitment to your biggest and best standards*. Strategic Coach Inc.

26 Sullivan, D. (2019). *Always Be the Buyer: Attracting other people's highest commitment to your biggest and best standards*. Strategic Coach Inc.

27 Carse, J. (2011). *Finite and Infinite Games*. Simon & Schuster.

28 Jorgenson, E. (2020). *The Almanack of Naval Ravikant*. Magrathea Publishing.

第四章

1 史蒂夫・賈伯斯二〇〇五年在史丹福大學畢業典禮的演說。Stanford University YouTube Channel. Retrieved on August 26, 2022, at https://www.youtube.com/watch?v=UF8uR6Z6KLc

2 丹・蘇利文與班傑明・哈迪（Sullivan, D., & Hardy, B.）《收穫心態：跳脫滿分思維，當下的成功和幸福，由你決定》（*The Gap and The Gain: The high achievers' guide to happiness, confidence, and success*. Hay House Business. 2021）

3 Perry, M. (2022). Friends, Lovers, and the Big Terrible Thing: A Memoir. Flatiron Books.

4 丹・蘇利文與班傑明・哈迪（Sullivan, D., & Hardy, B.）《收穫心態：跳脫滿分思維，當下的成功和幸福，由你決定》（*The Gap and The Gain: The high achievers' guide to happiness, confidence, and success*. Hay House Business. 2021）

5 Fredrickson, B. L. (2004). The broaden–and–build theory of positive emotions. Philosophical transactions of the royal society of London. *Series B: Biological Sciences, 359* (1449), 1367–1377.

6 Garland, E. L., Fredrickson, B., Kring, A. M., Johnson, D. P., Meyer, P. S., & Penn, D. L. (2010). Upward spirals of positive emotions counter downward spirals of negativity: Insights from the broaden-and-build theory and affective neuroscience on the treatment of emotion dysfunctions and deficits in psychopathology. *Clinical Psychology Review, 30* (7), 849–864.

7 Vacharkulksemsuk, T., & Fredrickson, B. L. (2013). *Looking back and glimpsing forward: The broaden-and-build theory of positive emotions as applied to organizations*. In Advances in positive organizational psychology (Vol. 1, pp. 45–60). Emerald Group Publishing Limited.

8 Thompson, M. A., Nicholls, A. R., Toner, J., Perry, J. L., & Burke, R. (2021). Pleasant Emotions Widen Thought–Action Repertoires, Develop Long-Term Resources, and Improve Reaction Time Performance: A Multistudy Examination of the Broaden-and-Build Theory

Among Athletes. Journal of Sport and Exercise Psychology, 43(2), 155–170.

9 Lin, C. C., Kao, Y. T., Chen, Y. L., & Lu, S. C. (2016). Fostering changeoriented behaviors: A broaden-and-build model. *Journal of Business and Psychology, 31* (3), 399–414.

10 Stanley, P. J., & Schutte, N. S. (2023). Merging the Self-Determination Theory and the Broaden and Build Theory through the nexus of positive affect: A macro theory of positive functioning. *New Ideas in Psychology, 68*, 100979.

11 Chhajer, R., & Dutta, T. (2021). Gratitude as a mechanism to form high-quality connections at work: impact on job performance. *International Journal of Indian Culture and Business Management, 22* (1), 1-18.

12 Park, G., VanOyen-Witvliet, C., Barraza, J. A., & Marsh, B. U. (2021). The benefit of gratitude: trait gratitude is associated with effective economic decision-making in the ultimatum game. *Frontiers in Psychology, 12*, 590132.

13 Sitzmann, T., & Yeo, G. (2013). A meta–analytic investigation of the within–person self–efficacy domain: Is self–efficacy a product of past performance or a driver of future performance?. *Personnel Psychology, 66* (3), 531–568.

14 Tong, E. M., Fredrickson, B. L., Chang, W., & Lim, Z. X. (2010). Re-examining hope: The roles of agency thinking and pathways thinking. *Cognition and Emotion, 24* (7), 1207–1215.

15 Peterson, S. J., & Byron, K. (2008). Exploring the role of hope in job performance: Results from four studies. *Journal of Organizational Behavior: The International Journal of Industrial, Occupational and Organizational Psychology and Behavior, 29* (6), 785–803.

16 Sullivan, D. (2016). *The 10x Mind Expander: Moving your thinking, performance, and results from linear plodding to exponential breakthroughs*. Strategic Coach Inc.

17 Utchdorf, D. (2008). *A Matter of a Few Degrees. April 2008*, General Conference. The Church of Jesus Christ of Latter-day Saints.

18 Johnston, W. A., & Dark, V. J. (1986). Selective attention. *Annual Review of Psychology, 37*(1), 43–75.

19 Treisman, A. M. (1964). Selective attention in man. *British Medical Bulletin, 20* (1), 12–16.

20 羅勃特・T・清崎和莎朗・L・萊希特（Kiyosaki, R. T., & Lechter, S. L.）《富爸爸・窮爸爸》（*Rich Dad Poor Dad: What the rich teach their kids about money that the poor and the middle class do not!*. Business Plus. 2001）

21 Lorenz, E. (2000). *The Butterfly Effect. World Scientific Series on Nonlinear Science Series A, 39*, 91–94.

22 Shen, B. W., Pielke Sr, R. A., Zeng, X., Cui, J., Faghih-Naini, S., Paxson, W., & Atlas, R. (2022). Three kinds of butterfly effects within Lorenz Models. *Encyclopedia, 2* (3), 1250-1259.

23 Shen, B. W., Pielke Sr, R. A., Zeng, X., Faghih-Naini, S., Shie, C. L., Atlas, R., ... & Reyes, T. A. L. (2018, June). *Butterfly effects of the first and second kinds: new insights revealed by high-dimensional lorenz models*. In 11th Int. Conf. on Chaotic Modeling, Simulation and Applications.

24 Hilborn, R. C. (2004). Sea gulls, butterflies, and grasshoppers: A brief history of the butterfly effect in nonlinear dynamics. *American Journal of Physics, 72* (4), 425-427.

25 喬希・維茲勤（Waitzkin, J.）《學習的王道》（*The Art of Learning: An inner journey to optimal performance*. Simon & Schuster. 2008）

26 Moors, A., & De Houwer, J. (2006). Automaticity: a theoretical and conceptual analysis. *Psychological Bulletin, 132* (2), 297.

27 Logan, G. D. (1985). Skill and automaticity: Relations, implications, and future directions. *Canadian Journal of Psychology/Revue Canadienne De Psychologie, 39* (2), 367.

28 Graham, P. (2004). *How to make wealth*. Retrieved on October 11, 2022, at http://www.paulgraham.com/wealth.html

29 Adabi, M. (2017). *The Obamas are getting a record-setting book deal worth at least $60 million*. Business Insider. Retrieved on October 11, 2022, at https://www.businessinsider.com/obama-book-deal-2017-2

第五章

1 布芮尼・布朗（Brown, B.）《不完美的禮物：放下「應該」的你，擁抱真實的自己》（*The Gifts of Imperfection: Let go of who you think you're supposed to be and embrace who you are*. Simon & Schuster. 2010）

2 Godin, S. (2014). *The wasteful fraud of sorting for youth meritocracy: Stop Stealing Dreams*. Retrieved on September 29, 2022 at https://seths. blog/2014/09/the-shameful-fraud-of-sorting-for-youth-meritocracy/

3 Slife, B. D. (1995). *Newtonian time and psychological explanation*. The Journal of Mind and Behavior, 45–62.

4 Slife, B. D. (1993). *Time and Psychological Explanation*. SUNY press.

5 Murchadha, F. Ó. (2013). *The Time of Revolution: Kairos and chronos in Heidegger (Vol. 269)*. A&C Black.

6 Smith, J. E. (2002). Time and qualitative time. Rhetoric and kairos. *Essays in History, Theory, and Praxis*, 46–57.

7 Slife, B. D. (1993). *Time and Psychological Explanation*. SUNY press.

8 愛因斯坦（Einstein, A.）《相對論》（*Relativity*. Routledge.）

9 Tompkins, P. K. (2002). Thoughts on time: Give of yourself now. *Vital Speeches of the Day*, 68(6), 183.

10 Malhotra, R. K. (2017). Sleep, recovery, and performance in sports. *Neurologic Clinics, 35* (3), 547-557.

11 Neagu, N. (2017). Importance of recovery in sports performance. *Marathon*, 9(1), 53–9.

12 Kellmann, M., Pelka, M., & Beckmann, J. (2017). Psychological relaxation techniques to enhance recovery in sports. *In Sport, Recovery, and Performance* (pp. 247–259). Routledge.

13 Taylor, K., Chapman, D., Cronin, J., Newton, M. J., & Gill, N. (2012). Fatigue monitoring in high performance sport: a survey of current trends. *J Aust Strength Cond, 20* (1), 12–23.

14 Sonnentag, S. (2012). Psychological detachment from work during leisure time: The benefits of mentally disengaging from work. *Current Directions in Psychological Science, 21*(2), 114–118.

15 Karabinski, T., Haun, V. C., Nübold, A., Wendsche, J., & Wegge, J. (2021). Interventions for improving psychological detachment from work: A meta-analysis. *Journal of Occupational Health Psychology, 26*(3), 224.

16 Ferriss, T. (2018). *The Tim Ferriss Show Transcripts: LeBron James and Mike Mancias (#349)*. The Tim Ferriss Show. Retrieved on September 30, 2022, at https://tim.blog/2018/11/30/the-tim-ferriss-show-transcripts-lebron-james-and-mike-mancias/

17 Karabinski, T., Haun, V. C., Nübold, A., Wendsche, J., & Wegge, J. (2021). Interventions for improving psychological detachment from work: A meta-analysis. *Journal of Occupational Health Psychology, 26*(3), 224.

18 Sonnentag, S. (2012). Psychological detachment from work during leisure time: The benefits of mentally disengaging from work. *Current Directions in Psychological Science, 21*(2), 114–118.

19 Sonnentag, S., Binnewies, C., & Mojza, E. J. (2010). Staying well and engaged when demands are high: the role of psychological detachment. *Journal of Applied Psychology, 95*(5), 965.

20 Fritz, C., Yankelevich, M., Zarubin, A., & Barger, P. (2010). Happy, healthy, and productive: the role of detachment from work during nonwork time. *Journal of Applied Psychology, 95*(5), 977.

21 DeArmond, S., Matthews, R. A., & Bunk, J. (2014). Workload and procrastination: The roles of psychological detachment and fatigue. *International Journal of Stress Management, 21*(2), 137.

22 Sonnentag, S., Binnewies, C., & Mojza, E. J. (2010). Staying well and engaged when demands are high: the role of psychological detachment. *Journal of Applied Psychology, 95*(5), 965.

23 Germeys, L., & De Gieter, S. (2017). Psychological detachment mediating the daily relationship between workload and marital satisfaction. *Frontiers in Psychology*, 2036.

24 Greenhaus, J. H., Collins, K. M., & Shaw, J. D. (2003). The relation between work–family balance and quality of life. *Journal of Vocational Behavior, 63*(3), 510–531.

25 Shimazu, A., Matsudaira, K., De Jonge, J., Tosaka, N., Watanabe, K., & Takahashi, M. (2016). Psychological detachment from work during nonwork time: Linear or curvilinear relations with mental health and work engagement?. *Industrial Health*, 2015–0097.

26 史蒂芬・科特勒（Kotler, S.）《不可能的任務：創造心流、站上巔峰，從25個好奇清單開始，破解成就公式》（*The Art of Impossible: a peak performance primer*. HarperCollins. 2021）

27 Culley, S. et al., (2011). Proceedings Volume DS68-7 IMPACTING SOCIETY THROUGH ENGINEERING DESIGN VOLUME 7: *HUMAN BEHAVIOUR IN DESIGN*. Human Behaviour in Design, Lyngby/Copenhagen, Denmark. Retrieved on September 30, 2022, at https://www.designsociety.org/multimedia/publication/1480c22e7a4a2eb70160bfd90471ac2d.pdf

28 Lynch, D. (2016). *Catching the big fish: Meditation, consciousness, and creativity*. Penguin.

29 Reservations. *How to do a Think Week Like Bill Gates*. Retrieved on September 30, 2022, at https://www.reservations.com/blog/resources/think-weeks/

30 Sullivan, D. (2017). *The Self-Managing Company. Freeing yourself up from everything that prevents you from creating a 10x bigger future*. Strategic Coach Inc.

31 丹・蘇利文與班傑明・哈迪（Sullivan, D., & Hardy, B.）《成功者的互利方程式：解開成事在「人」的祕密，投資好的人，贏得你的財富，時間，人際，願景四大自由》（*Who Not How: The formula to achieve bigger goals through accelerating teamwork*. Hay House Business. 2020）

32 Cowherd, C. (2022). *The Herd | Colin "crazy on" Jalen Hurts led Philadelphia Eagles beat Commanders to prove 3-0. YouTube*. Retrieved on September 30, 2022, at https://www.youtube.com/watch?v=ETu6-P-KRMg

33 Graham, P. (2009). Maker' s Schedule, Manager' s Schedule.

34 史蒂芬・科特勒（Kotler, S.）《不可能的任務：創造心流、站上巔峰，從25個好奇清單開始，破解成就公式》（*The Art of Impossible: a peak performance primer*. HarperCollins. 2021）

35 Csikszentmihalyi, M., Abuhamdeh, S., & Nakamura, J. (2014). *Flow. In Flow and The Foundations of Positive Psychology* (pp. 227–238). Springer, Dordrecht.

36 賽斯・高汀（Godin, S.）《做不可替代的人：天賦、激情與創新》（*Linchpin: Are you indispensable? How to drive your career and create a remarkable future*. Penguin. 2010）

37 丹・蘇利文與班傑明・哈迪（Sullivan, D., & Hardy, B.）《收穫心態：跳脫滿分思維，當下的成功和幸福，由你決定》（The *Gap and The Gain: The high achievers' guide to happiness, confidence, and success*. Hay House Business. 2021）

38 Albaugh, N., & Borzekowski, D. (2016). Sleeping with One' s cellphone: The relationship between cellphone night placement and sleep quality, relationships, perceived health, and academic performance. *Journal of Adolescent Health*, 58(2), S31.

第六章

1 提摩西・費里斯（Ferriss, T.）《一週工作4小時：擺脫朝九晚五的窮忙生活，晉身「新富族」！》（*The 4-Hour Workweek: Escape 9–5, live anywhere, and join the new rich*. Harmony. 2009）

2 Sullivan, D. (2017). *The Self-Managing Company. Freeing yourself up from everything that prevents you from creating a 10x bigger future*. Strategic Coach Inc.

3 Bass, B. M., & Riggio, R. E. (2006). *Transformational Leadership*. Psychology Press.

4 喬瑟夫・坎貝爾（Campbell, J.）《英雄的旅程》（*The Hero's Journey: Joseph Campbell on his life and work (Vol. 7)*. New World Library. 2003）

5 Bass, B. M. (1999). Two decades of research and development in transformational leadership. *European Journal of Work and Organizational Psychology, 8*(1), 9–32.

6 Siangchokyoo, N., Klinger, R. L., & Campion, E. D. (2020). Follower transformation as the linchpin of transformational leadership theory: A systematic review and future research agenda. *The Leadership Quarterly, 31*(1), 101341.

7 Turnnidge, J., & Côté, J. (2018). Applying transformational leadership theory to coaching research in youth sport: A systematic literature review. *International Journal of Sport and Exercise Psychology, 16*(3), 327–342.

8 Islam, M. N., Furuoka, F., & Idris, A. (2021). Mapping the relationship between transformational leadership, trust in leadership and employee championing behavior during organizational change. *Asia Pacific Management Review, 26*(2), 95–102.

9 詹姆・柯林斯（Collins, J.）《從A到A+：企業從優秀到卓越的奧祕》（*Good to Great: Why some companies make the leap and others don't*. HarperBusiness. 2001）

10 Taylor, J. (1851). "The Organization of the Church," *Millennial Star, Nov. 15, 1851*, p. 339.

11 Organ, D. W. (1988). A restatement of the satisfaction-performance hypothesis. *Journal of Management, 14*(4), 547–557.

12 Lam, S. S. K., Hui, C. & Law, K. S. (1999). Organizational citizenship behavior: comparing perspectives of supervisors and subordinates across four international samples. *Journal of Applied Psychology, 84*(4), 594–601.

13 Morrison, E. W. (1994). Role definitions and organizational citizenship behavior: the importance of the employee' s perspective. *Academy of Management Journal, 37*(6), 1543–1567.

14 Vipraprastha, T., Sudja, I. N., & Yuesti, A. (2018). The Effect of Transformational Leadership and Organizational Commitment to Employee Performance with Citizenship Organization (OCB) Behavior as Intervening Variables (At PT Sarana Arga Gemeh Amerta in Denpasar City). *International Journal of Contemporary Research and Review, 9*(02), 20503–20518.

15 Engelbrecht, A. S., & Schlechter, A. F. (2006). The relationship between transformational leadership, meaning and organisational citizenship behaviour. *Management Dynamics: Journal of the Southern African Institute for Management Scientists, 15*(4), 2–16.

16 Lin, R. S. J., & Hsiao, J. K. (2014). The relationships between transformational leadership, knowledge sharing, trust and organizational citizenship behavior. *International Journal of Innovation, Management and Technology, 5*(3), 171.

17 Hardy, B. P. (2019). Transformational leadership and perceived role breadth: Multi-level mediation of trust in leader and affectiveorganizational commitment (Doctoral dissertation, Clemson University).

18 Schaubroeck, J., Lam, S. S., & Peng, A. C. (2011). Cognition-based and affect-based trust as mediators of leader behavior influences on team performance. *Journal of Applied Psychology, 96*(4), 863–871.

19 Nohe, C., & Hertel, G. (2017). Transformational leadership and organizational citizenship behavior: a meta-analytic test of underlying mechanisms. *Frontiers in Psychology, 8*, 1364.

20 Covey, S. R., & Merrill, R. R. (2006). *The Speed of Trust: The one thing that changes everything*. Simon & Schuster.

21 Deci, E. L., & Ryan, R. M. (2012). *Self-Determination Theory*.

22 Ryan, R. M., & Deci, E. L. (2019). Brick by brick: The origins, development, and future of self-determination theory. *In Advances in Motivation Science* (Vol. 6, pp. 111–156). Elsevier.

23 丹・蘇利文與班傑明・哈迪（Sullivan, D., & Hardy, B.）《成功者的互利方程式：解開成事在「人」的祕密，投資好的人，贏得你的財富、時間、人際、願景四大自由》（*Who Not How: The formula to achieve bigger goals through accelerating teamwork.* Hay House Business. 2020）

24 詹姆・柯林斯（Collins, J.）《從A到A+：企業從優秀到卓越的奧祕》（*Good to Great: Why some companies make the leap and others don't*. HarperBusiness. 2001）

25 Sullivan, D. (2017). The Self-Managing Company. Freeing yourself up from everything that prevents you from creating a 10x bigger future. Strategic Coach Inc.

結論

1 Hollis, J. (2005). *Finding Meaning in the Second Half of Life: How to finally, really grow up*. Penguin.

2 大衛・霍金斯（Hawkins, D. R.）《心靈能量》（*Power Versus Force: An anatomy of consciousness*. Hay House, Inc. 1994）

3 Gódány, Z., Machová, R., Mura, L., & Zsigmond, T. (2021). Entrepreneurship motivation in the 21st century in terms of pull and push factors. *TEM J, 10*, 334–342.

4 Uysal, M., Li, X., & Sirakaya-Turk, E. (2008). Push-pull dynamics in travel decisions. *Handbook of Hospitality Marketing Management*, 412, 439.

5 大衛・霍金斯（Hawkins, D. R.）《臣服之享：遇萬事皆靜好自在的心提升練習》（*Letting go: The pathway of surrender*. Hay House, Inc. 2013）

6 卡爾・紐波特（Newport, C.）《深度職場力：拋開熱情迷思，專心把自己變強！MIT電腦科學博士寫給工作人的深度精進指南》（*So Good They Can't Ignore You: Why skills trump passion in the quest for work You love*. Grand Central Publishing. 2012）

7 Tracy, B. (2001). *Focal Point: A proven system to simplify your life, double your productivity, and achieve all your goals*. Amacom.

10倍成長思維

成功者獲得時間、財富、人際圈、目標自由的高效成長法則

10X IS EASIER THAN 2X How World-Class Entrepreneurs Achieve More by Doing Less

作者	丹・蘇利文 Dan Sullivan 班傑明・哈迪 博士 Dr. Benjamin Hardy
譯者	陳文和
商周集團執行長	郭奕伶
商業周刊出版部	
總監	林雲
責任編輯	潘玫均
封面設計	Winder Chen
內文排版	点泛視覺設計工作室
出版發行	城邦文化事業股份有限公司 商業周刊
地址	115020 台北市南港區昆陽街16號6樓 電話：(02)2505-6789　傳真：(02)2503-6399
讀者服務專線	(02)2510-8888
商周集團網站服務信箱	mailbox@bwnet.com.tw
劃撥帳號	50003033
戶名	英屬蓋曼群島商家庭傳媒股份有限公司城邦分公司
網站	www.businessweekly.com.tw
香港發行所	城邦（香港）出版集團有限公司 香港灣仔駱克道193 號東超商業中心1樓 電話：(852) 2508-6231　傳真：(852) 2578-9337 E-mail：hkcite@biznetvigator.com
製版印刷	中原造像股份有限公司
總經銷	聯合發行股份有限公司電話：(02) 2917-8022
初版1刷	2024年4月
初版3.5刷	2024年8月
定價	380元
ISBN	978-626-7366-75-2（平裝）
EISBN	9786267366776 (PDF) / 9786267366769 (EPUB)

國家圖書館出版品預行編目(CIP)資料

10倍成長思維：成功者獲得時間、財富、人際圈、目標自由的高效成長法則/丹.蘇利文(Dan Sullivan), 班傑明.哈迪(Benjamin Hardy)著；陳文和譯. -- 初版. -- 臺北市：城邦文化事業股份有限公司商業周刊, 2024.04

面； 公分

譯自：10x is easier than 2x : how world-class entrepreneurs achieve more by doing less

ISBN 978-626-7366-75-2(平裝)

1.CST: 職場成功法

494.35 113002496

藍學堂

學習・奇趣・輕鬆讀